U0380459

门 西 观 察 系 列 丛 书

现象与感知

朱　渊

日常工作室

等著

东南大学出版社·南京

图书在版编目（CIP）数据

现象与感知 / 朱渊等著 . -- 南京: 东南大学出版社，2024. 10. --（门西观察系列丛书）. -- ISBN 978-7-5766-1529-6

Ⅰ. TU-862

中国国家版本馆 CIP 数据核字第 2024SL2908 号

现象与感知

Xianxiang Yu Ganzhi

著　　者: 朱　渊　日常工作室　等
责任编辑: 戴　丽　魏晓平
责任校对: 咸玉芳
封面设计: 朱　渊
封面制作: 毕　真
责任印制: 周荣虎

出版发行: 东南大学出版社
社　　址: 南京市四牌楼 2 号
邮　　编: 210096
电　　话: 025-83793330
出 版 人: 白云飞
网　　址: http://www.seupress.com
电子邮箱: press@seupress.com
印　　刷: 南京新世纪联盟印务有限公司
经　　销: 全国各地新华书店
开　　本: 889 mm × 1 194 mm　1/20
印　　张: 14.5
字　　数: 680 千字
版　　次: 2024 年 10 月第 1 版
印　　次: 2024 年 10 月第 1 次印刷
书　　号: ISBN 978-7-5766-1529-6
定　　价: 98.00 元

目　录

门西观察：日常空间的现象与感知 006

现　象 014

街　巷 016
院　落 034
楼　梯 048
门 066
檐　口 080

感　知 094

街　巷 096

并置深浅 098
变奏曲折 102
空间折叠 106
收放开合 110
穿堂内巷 114

院　落 118

片段秩序 120
拼合搭接 124
光之曲翘 128
非对称 132
微占据 136
明暗的连接 140

楼　梯 144

转折内外 146
强弱秩序 150
光路 154
垂直溢出 158
折径 162

光之折叠 166
覆盖上行 170
光景日常 174
相似的差异 178
层·台 182

门 186

视折境转 188
压缩与扩展 192
嵌套框景 196
光之一瞥 200
貌似神离 204
门之进深 208
立体预留 212
厚与薄 216
嵌套，逐层聚焦 220
序列起伏 224
层叠限定 228
厚度空间·门 232

檐　口 236

镂与透的限定 238
延展的平面 242
宽中高窄 246
垂直的线阵 250
前置空间 254
适配组构 258
是与不是 262
层叠多义 266
体积的入口 270
轻重划分 274
连续体 278
增强三合院 282

后　记 286

城市可视为由许多不同时期信息整合而成的整体。大多看似无意识的要素叠加，承载了人们在不同时期对生活的需求与意图而呈现不同时期城市的变化过程，同时，为生活空间留下了生动的生活模型。去发现这种源于真实生活的原型化模型，成为我们在南京门西地区进行观察、感知和研究的巨大驱动力。生活的日常原本丰厚而富有，日常观察，领悟平凡的日子带来的超越平凡的馈赠，体味超越过往的欣喜。

Menxi observations: Phenomena and perceptions of everyday space | 门西观察：日常空间的现象与感知

城市结构系统 3
相互嵌套的衍生意义
城市结构系统 2
城市结构系统 1

图 1 系统叠加下的衍生意义
Fig.1 The derived meaning of system superposition

图 2 门西地区的空间原型
Fig.2 The spatial prototype of the Menxi region

图 3 门西地区不同空间在不同时间中叠加后的现状
Fig.3 The situation of different spaces superimposed at different times in the Menxi region

如阿格妮丝・赫勒[1]所言，“对于生活与社会的观察与感知，让我们在日常生活中逐渐把握社会再生产[2]中的个体要素，并为社会与生活的重构提供规则系统的人类条件[3]”。由此体现出在不断叠加中各种琐碎、散落的信息之间的重构意义，以及在全新视角介入下空间本体意义的反思与重现。阿尔伯托・佩雷兹-戈麦兹[4]认为，“从知觉维度来看，理想与现实、一般与特殊都是特定的。知觉构成了意识的范围”[5]。我们可以认为，感知的意义在于以身体的维度表述空间与时间的特殊意义，以“体验的几何学”[6]超越身体的空间性，促进以身体感知形成的全新秩序的建构。而这种特定秩序的个体性与特殊性，成为我们通过敏锐的观察与体会，对大量普通平常的生活空间进行全新认知与重现的具有重要价值的要素。感知和重构使得空间中看似普通的几何形式，在经历了身体的具体性表征后，具有了客观的数学属性，承载了更多人文的多义性，也使得看似不精准、不科学的主观性，在永恒的思维方式和短暂的空间体验的交互中，形成了更为深远的价值。

我们可以认为，城市是由不同时期信息整合而成的整体。这些不断叠加的内容，通过看似杂乱而动态的途径，体现了不同时期城市的变化过程。这仿佛不同的微缩世界，散落于城市的不同结构系统之中，同时形成了可以被进一步整合的城市意义，即一种琐碎无序的日常在进一步相互嵌套之后的衍生意义（图 1）。这种看似毫无意识叠加下的过程，承载了不同时期针对生活需求的改造意图。这为基本的生活空间留下了生动的生活模型。这些原型化的生活模型，成为我们在南京门西地区可以进一步观察、感知和研究的对象。

1.“意外”的原型化：门西观察意义

南京的门西地区位于南京老城南部，自建城以来一直是大量居民的聚集区。随着城市的发展，在经历了不同时代的大量民居院落中，各种看似随意和非规则的迭代更新与建设，通过功能加建、空间重组、权属分割等不同途径的生活改善，呈现了各种意想不到、零散各处却又充满生活智慧与需求的生活场景（图 2）。这种伴随着时间变迁的空间自然生长与重构，承载了以人的各种实际需求为目标的多类型组织，并通过对既有空间长时间的累计性变化，形成看似“意外”，却具有特殊形态和体验性的复合空间（图 3）。

这种时间累积下的空间原型，源于在地的空间本体，也经历了特殊的时间转译。其不仅具有场地基因，也与传统模式之间产生了莫名差异，或可视为一种基于人的日常行为有序和无序干预下的迭代呈现。其间，承载了居住者结合自己的实际生活经验对各种“房间”“转

图 4 从门西空间中可以观察的各种“房间”“转角”“街道”等空间原型
Fig..4 Various spatial prototypes such as "rooms", "corners" and "streets" can be observed from the space in Menxi

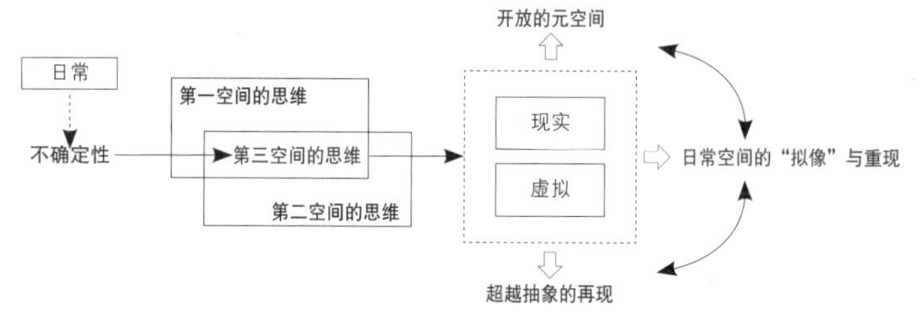

图 6 从日常信息的关注开始进行空间拟像与重构的思维模式
Fig. 6 The thinking mode of spatial simulacra and reconstruction starting from the attention of everyday information

图 5 街道的记录
Fig. 5 Street records

角”“街道”“院落”等类型空间进行的混合、混用与重组。这种持续的变化，源于不断更迭的生活需求。它使我们可以从更为个体而多义的维度看待某种“混乱”和“意外”的空间，体现出特定的原型意义（图 4），由此让人们重新审视一种在社会、生活和建造自觉下的空间“意外”中的特别呈现。这也让传统的空间，在经历了时间的叠加后，形成一种可多维拓展感知的空间原型，即一种具有时间弹性与开放性的空间载体。当我们以一种抽象而内在性的视角重新去发现与感知，其信息整合下的多义性即得以逐渐呈现。

因此，门西承载的原型化意义在于非正式空间日常实践下的重构，在于多模式解读下常规普通空间的特定内涵，在于城市与生活要素可以进一步解析梳理下特殊规定性的引导。

2. 现象与感知之间：对象化的拟像[7]

从真实的世界到被感知的真实世界的再现，可被认为是一个对纷杂的生活世界进行对象化[8]解析的过程。在进一步的拟像与重现中，这一过程体现出对生活中习以为常的表象本体自在属性及其聚合意义的重构理解，对生活微观意义的批判性感知，以及对日常感知在不同情境、视角诠释下的意义转译，是一个针对物质对象本体进行拟像重构下的空间化过程。各种周而复始、碎片化而充满“余温”的现象，在对其进行“问题化”[9]思考的基础上，可进一步重识街区空间自在属性背后系统性与价值延展的驱动力。我们对其“杂乱”“重复”和“无序”的认知背后潜在的“创造性”价值的思考过程，即是对某种有意或是无意、正式或是非正式、稳定或是发展的现象进一步发问的过程。

在门西街区的穿行中，针对不同对象动态串联下的拓展性反思，将重建其不同语境中差异化的引申意义。如，以门作为对象化的要素而言，人们看似习惯性单一重复的穿门而过的过程，即引发我们对门洞及其周边一系列要素整合下的意义延伸，并逐渐成为建构“门洞背后”“路径引导”“社会联系”等系列问题及其形态认知的基础条件，从而形成同一现象中的感知差异性。再如，针对街巷的感知包括了“内向的公共性”“嵌套”“镜像”“通道房间”（图 5）等不同理解，形成针对同类型空间的抽象与解析结果。

这些对重复、单纯而逐渐被忽略的生活对象的重新深思，促使那些源于且超越日常的空间重构与再现成为可能。在此，从物化到对象

图 7 在观察院落空间后形成的对“通道房间”的感知
Fig. 7 The perception of "passage room" formed after observing the courtyard space

图 8 楼梯的记录
Fig. 8 Records of staircase

化的视域转化，通过动态与关联的拟像、链接与重现，促发从日常物解析的叠加逐渐转化为系统物的建构过程。拟像即在超越现象物的基础上，形成另一种感知的描绘，由此反思其建构意义重现的路径与价值。这种拟像，即在物像重新秩序化中，形成城市、建筑以及社会空隙被不断填充进而系统被重构的微观驱动（图 6）。

门西的对象化的过程，代表了门西日常空间中能动性、关联性、整体性和互给性综合下的主体特性，体现了在街巷生活的每个细节中寻找某种“必然性”联系的总体意义。在此，尝试体现一种不满足于对现象表层的揭示与阐述，一种在历史唯物主义建构下全新层级的组织逻辑，一种在日常生活中基本结构和一般图式下的重构意识，以及一种揭示日常生活内在性中起支配意义的活动图景。因此，日常对象化的过程是重建日常细节本体用途，并使其在不同的时间、场所、社会环境等条件下产生其特殊意义对应性的过程。

3. 间距化的空间认知：具体的抽象性

门西观察认知下的间距化理解，旨在以一种基于现象而有意识脱离本体的思考，超越一般化认知，让人们对普通的街区要素，在对象化的理解的对象与主体之间，形成保持距离理解下的进一步衔接，进而产生一种特殊的陌生化可能，让进一步的诠释成为可能。这种有意识或无意识的远离和嫁接，在一种熟悉的陌生化中，试图激发特定方法理解基础上阐释的创造性，让抽象认知进一步具体化。

我们在门西要素系统的分解认知中，以现象与感知的差异化记录，形成对现场的初步印象，并通过照片与轴测图的表达（图 7），体现对于同一个具体要素之间的相似或差异化的解读。如，同样的楼梯要素（图 8），以现象性观察的记录和感知体验下的再现，尝试传递具体要素在空间系统感知下以不同方式进行空间抽象与多义关联的可能，而这种差异化的连接形成在具体与抽象之间进行嫁接的感知结果。

此外，这种间距化的理解与诠释，还体现了一种时间变化中的认知间距。虽然与原意产生距离，却能在不同时间下体现认知转变中的关联与链接。进而，间距化在成为一种客观存在的同时，使得各种新经验的积累在某种特定的空间组织中转化成特殊意义，成为以不同视角“切中要害”的特殊力量。这里试图使物在自身投射基础上向外产生一种广泛的影响力，从而形成个体驱动价值与社会整体特

图 9 转折
Fig. 9 Turning

定属性联动的有效途径。而其过程中可能产生的某种间距化的残缺，也将成为日常再现的突破和持久的被“问题化”的推动力。

4. 动态感知的关联性：偶然的结构性多义重构

间距化的系统物感知与建构，在基于日常属性的认知中，揭示了存在于个体而又超越个体的社会属性。这种揭示力量，通过整合偶然、零散和个体的空间感知以及系统物的重新秩序化，形成对门西空间本体中物与像的另一种系统秩序的建立，从而再现其个体化日常的意义延展。如零散的门西街巷中的门、街道、楼梯等生活要素，在一系列“混乱”“碎片化”“模糊不清”的本体对象的重新关注下，通过感知的系统关联与建构，成为进一步进入日常核心探索总体性的基础力量。

戴尔・厄普顿认为：“我们应该把注意力从原真、特征、持久和纯粹的追求中移开，转而让自己沉浸于积极的、转瞬即逝的和不纯粹的世界之中，追求这种模棱两可的、多元的，往往处于竞夺之中的环境。”[10]这些零散而积极的日常对象与生活属性，在系统对象化意识建立的基础上，逐渐引发对人际社会总体性基础力量的进一步反思，并将基于另一种“对象化”的系统重建，经过特定秩序、尺度形态、特性差异等各种在地联系，形成一种相对稳定的个体关联体系。如，当我们重新理解“街道”的概念时，在一种不断“遇见”的过程中，结合院落进深组织、路径通路感知、权属划分认识等不同限定要素的重组，形成另一种特殊的街道认知，由此形成街道和与之关联要素重构下的另一种感知下的街道系统。这也在不同细节的空间转化中，呈现“转折”“收放”“穿越”“内外”等多类型的感知意义（图 9），由此将街道在现象性的感知下进行结构性重构。而这种重构将结合场所及周边信息，形成具有特定归属和具体对象的认知模式，让对象本体产生更为深远的拓展潜力。

不难发现，门西街巷在长时间的历史演变和叠加下，经历了不同场所、不同需求下的更新与改造，对传统街巷院落的秩序进行了多类型的局部性变化，集中带来了丰富的生活印记和特殊秩序。通过对局部叠加中生活秩序和印记的观察、关联与叠加，并进行整合性认知与结构性建构，可逐渐形成潜藏于对象影响机制中，通过日常的偶然与必然融入空间实践的主动判断，并建立相互制约与激发的关联网络和思维模型。这种对偶然性介入的主动关注，通过结构性凝固，形成日常回归下的模式重构。由此，对于社会混合模式下的多样性认知，将引导特

图 10 门
Fig. 10 Doors

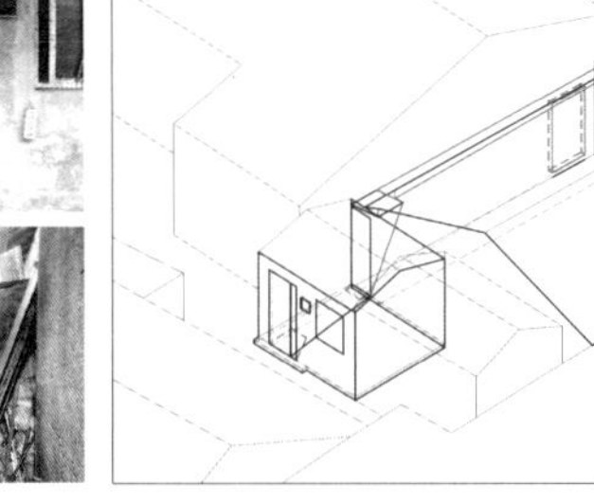
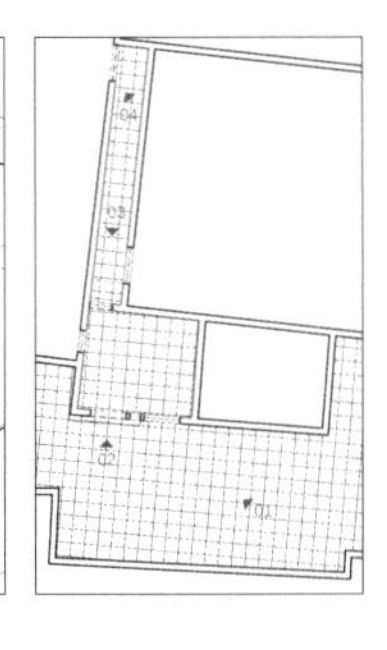

图 11 门的记录与理解
Fig. 11 Records and understanding of doors

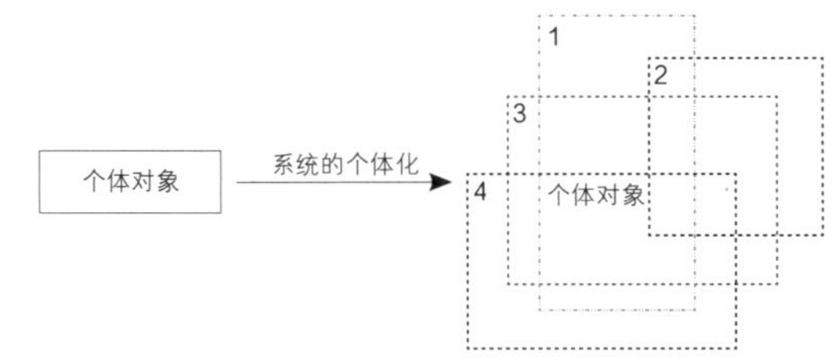

图 12 系统的个体性
Fig. 12 Individuality of graph system

定的结构性生成，以联系各种社会形式之中混杂多样的个体要素，并在偶然的重新秩序下与渐进转化中，体现细微介入引发的结构性力量。这仿佛发生在街口的一个普通的转身，以一个微小的动作感知空间的变化，引发对街区空间组织的重新思考，即某种“不经意”体验下的“有意识”思考，在脱离街头巷尾和家长里短的“家常”之后，逐渐成为可以通过不断努力而产生异样性的“日常”力量。

5. 系统的个体性：对象化关联感知重组的个体回归

针对门西要素的对象化认知，带来了特殊对象中物的非物属性的延展，并由此激发本体认知的能动力，以形成对日常世界认知下内在隐性支撑系统的全新建立。间距化的结构性思考，在物与感知物的结合中，进一步激发了对象重组的体系中依据不同原则建立的多维建构模式，以实现日常个体物向重构的系统物的转化。如，门（图 10、图 11）在不同的环境认知下显现其不同的形态意义，即便在同一个场所，这种形态意义也将在不同的认知系统中、不同要素（如阴影、洞口、内外、遮蔽等）的影响下，形成差异化的呈现，即将一种客观的对象化，建立于不可名状的系统认知中，形成可以被进一步解释的局部的系统物。

在此，具体而个体化呈现是一种系统化意识体验下回归个体的思维模式，不再是简单的个体本质“外化”和客观化活动的方式，而是以“个体”活动为参考秩序，形成全新关联体系的另一种对象化过程，以此满足特定文化、空间，场地、建造具体需求上的组织重构。而这种个体对象的回归性重构，不再是孤立的个体，而是在系统结构化下的个体重现。

由进一步的认知可见，日常物的差异化系统交织与类型归属，使得日常物呈现明显的内在差异性与局部的同构可能，并使其在进一步的秩序化重组中相互关联解释，以某种特定视角形成另一种被重组的认知系统。其中，某些理所当然的日常经历，在被维持本真属性的同时，被赋予另一种视角的关注体验，由此使表象熟悉的个体要素逐渐以熟悉而陌生的角色进入新的系统重组。这种把日常去熟悉化的过程，在间距化认知的基础上，不断从日常的细节转移到抽象架构下的整体衔接，进而再以另一种细节化的具体回转，捕捉日常生活在打破同质化的基础上产生的某种异乎寻常的可能（图 12）。即如同以印象派或蒙太奇的实践，在不断断裂的陌生化中，寻求进一步填补的关联路径，以探寻某种未曾预想而又存在于日常起点的、熟悉的陌生化中的特殊属性。

6. 结语：感知重构的空间意义

从动态感知的角度，对城市街区中不同需求叠加下的空间进行重新认知，体现了非正规空间原型的空间意义。这似乎从生活空间中内与外的人的感知中，开启了生动的已知与未知的生活空间模型。这种原型化的生活模型，使门西地区具有可以被进一步观察、感知和研究的重要价值。

门西观察，旨在从街巷本体的各种混杂与不确定中，获取现象空间原型中引导的多元诠释，并在一定结构性界定的基础上，形成特定意义基础上的本体超越，以获取某种特殊空间的再现意义。这将使一种非正规空间逐步发展叠加下的印记，在主动介入性观察与感知的重构中，为空间的再现提供依据，以呈现特殊的空间内涵。

可见，从现象观察与感知重构之间建立的对象化认知中，获取生活不经意的细节，寻找特殊“必然性”联系的空间总体意义，体现了对象化中的能动性、关联性、整体性和互给性综合下的空间特性。

间距化的具体与抽象从空间的认知和具体性中找寻成为日常再现的突破和可以持久被“问题化”的推动力，即从特定维度进行抽象的途径，从而使间距化的抽象带来观察的系统性感知，形成空间内外的结构性关联。

空间的重构，具体为一种偶然性形成的碎片化重构，以获取新的空间原型。门西的空间原型意义，让我们从不断生长的空间中，从特定维度建立从生活碎片到空间原型的感知路径。

因此，我们发现从结构性的系统重构回归个体空间，在现有基底上打破某种规制性的同质化基础，可以进一步探索个体意义的思维方法与呈现途径。这将带来对普通“不经意”要素进行空间化后，由多义解析形成的结构性个体重构的反思与启示。

注释

① 阿格妮丝·赫勒（Agnes Heller）出生在匈牙利布达佩斯，是一位著名的马克思主义思想家，专注于黑格尔哲学、伦理学和生存主义的研究。
② 赫勒把“日常生活”定位为“个体的再生产”过程，
③ 赫勒认为“人类条件”是在社会和历史的发展中，相对不变的部分而产生某种建构的规则系统的整体，是“个体再生产”中可以被进一步定义的要素。
④ 阿尔伯托·佩雷兹–戈麦兹（Alberto Pérez-Gómez），著名建

筑史与理论学家，现任加拿大麦吉尔大学建筑历史系教授。

⑤ 戈麦兹在撰写的《建筑学与现代科学的危机》中阐述，身体体验具有了“测–地”（geo-metrical）含义。

⑥ 埃德蒙德·胡塞尔（Edmund Husserl）提出相关“体验的几何学”超越了身体（和思想）的空间性，而这种超越不仅构成了建筑设计的推动力，也促成了某种与身体自己相回应的秩序创造。

⑦ “拟像”（Simulacra）是让·鲍德里亚最重要的理论之一，包括了第一序列的拟像遵循“自然价值规律”、第二序列的拟像遵循“市场价值规律”和第三序列的拟像遵循“结构价值规律”三个维度。

⑧ 对象化是马克思提出来用于解释劳动的内涵的一个理论体系。它表明作为主体的人的能动的、本质的力量由活动（运动）的形式转化为物质存在形式，创造出一定的客体。在此用以展示生活空间在日常实践下的特殊客体性的转化过程。

⑨ “问题化”是米歇尔·福柯（Michel Foucault）后期思想的核心观念。“问题化”构成了个体面临生存时的基本问题与抉择，以某种特定的方式问题化，在特定历史背景下确定自我身份的方式做出应答。

⑩ UPTON D. The tradition of change[J]. Traditional Dwelling and Settlement Review, 1993, 5(1): 9.

参考文献

[1] 赫勒．日常生活[M]. 衣俊卿，译．重庆：重庆出版社，2010.

[2] 佩雷兹–戈麦兹．建筑学与现代科学的危机[M]. 王昕，虞刚，译．北京：清华大学出版社，2021.

[3] 鲍德里亚．消费社会[M]. 刘成富，全志钢，译．南京：南京大学出版社，2001.

[4] 福柯．主体与权力[M]// 德赖弗斯，拉比诺．超越结构主义与解释学．张建超，张静，译．北京：光明日报出版社，1992：271.

[5] UPTON D. The tradition of change[J]. Traditional Dwelling and Settlement Review，1993，5（1）：9.

[6] 海默尔．日常生活与文化理论导论[M]. 王志宏，译．北京：商务印书馆，2008.

图片来源

图 6、图 12 为作者自绘，其余为日常工作室绘制或拍摄。

本文原载于《时代建筑》2023 年第 5 期，有删改。

现　象

街巷　院落　楼梯　门　檐口

街巷

表面上，老城市看似缺乏秩序，其实，在其背后有一种神奇的秩序，维持着街巷的安全和城市的自由。这正是老城市的成功之处。门西地区是南京老城南尚未大面积整治开发的历史文化街区。深入老门西街巷的过程，是一个无序的秩序逐渐秩序化呈现的过程。历史演变中的门西，从聚落初显到商贸手工业集聚，再到居住群落，呈现纵横交错的整体格局。

门西南倚明城墙，左临鸣羊街，北至殷高巷。从高岗里、孝顺里、饮马巷、殷高巷，到荷花塘、五福里、谢公祠，街巷前后的已知与未知、转折与变换，让街道网络空间充满了运动和变化。随着时间、产权、需求的变化，门西街巷逐渐渗透进深深合院，原本封闭的空间被逐渐打开。漫步其中，人们能体会到在转折、停留或穿越中逐渐清晰的路径和在路径中多义感知的空间构型 。

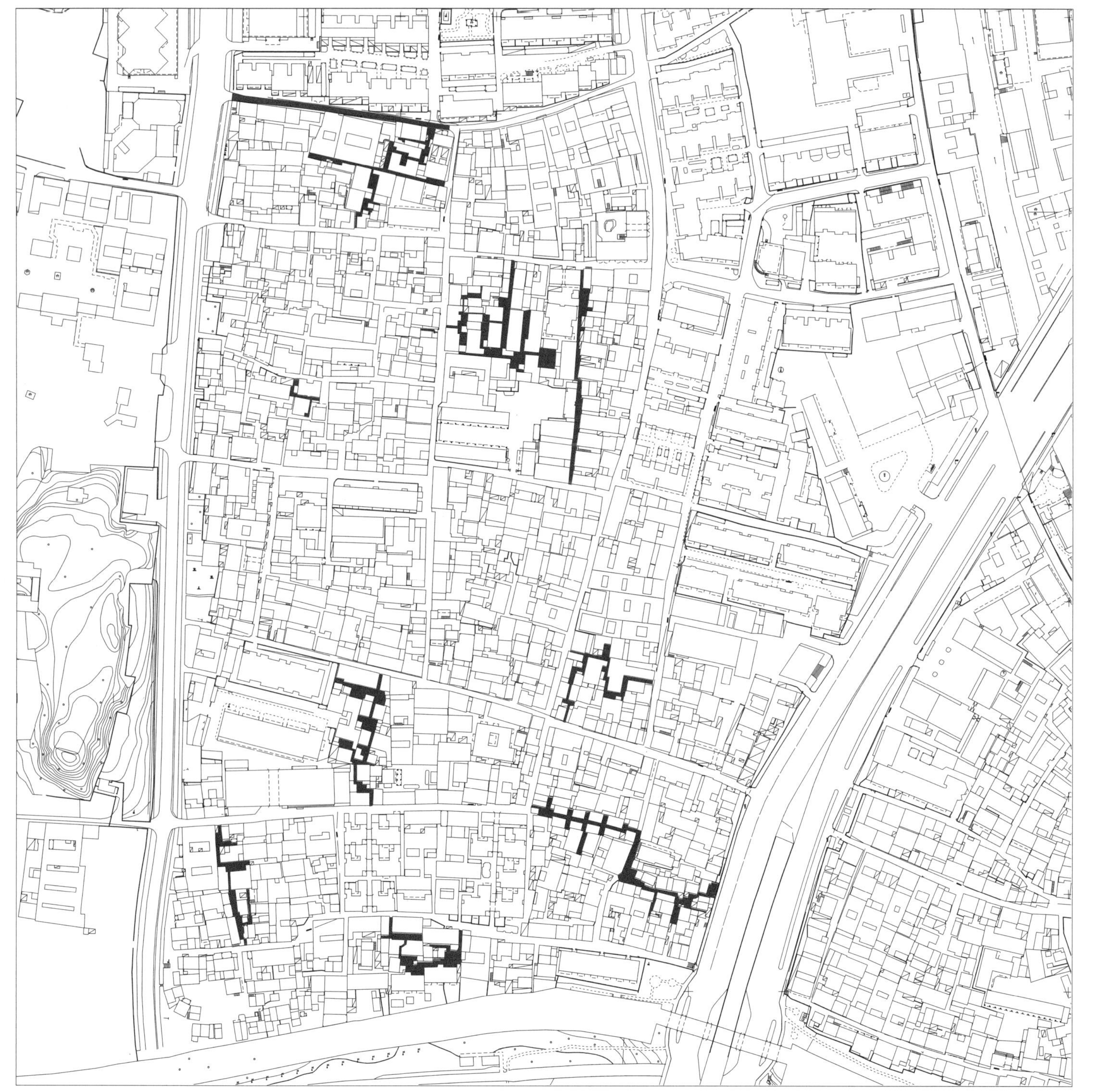

01 殷高巷 12 号内巷
01 殷高巷 12 号内巷
02 殷高巷 14-4 号内巷
02 殷高巷 14-4 号内巷
03 北侧主街
01 殷高巷 12 号内巷
01 殷高巷 12 号内巷
02 殷高巷 14-4 号内巷
02 殷高巷 14-4 号内巷
03 北侧主街
01 殷高巷 12 号内巷
01 殷高巷 12 号内巷
02 殷高巷 14-4 号内巷
02 殷高巷 14-4 号内巷
03 北侧主街

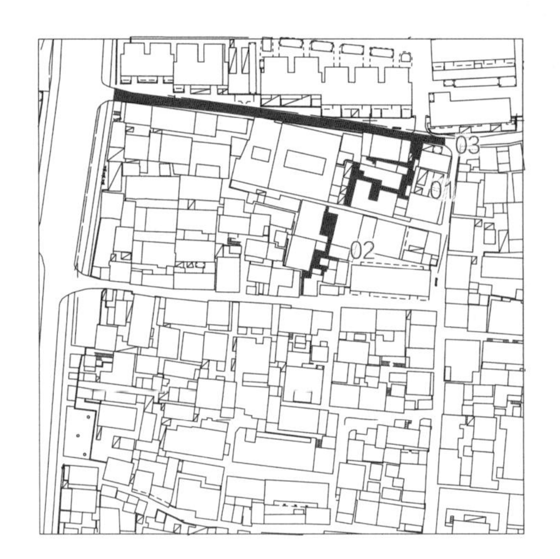
03
01
02

01 水斋庵三五巷—荷花塘
01 水斋庵三五巷—荷花塘
02 鸣羊里 22 号内巷
02 鸣羊里 22 号内巷
02 鸣羊里 22 号内巷
01 水斋庵三五巷—荷花塘
01 水斋庵三五巷—荷花塘
02 鸣羊里 22 号内巷
02 鸣羊里 22 号内巷
02 鸣羊里 22 号内巷
01 水斋庵三五巷—荷花塘
01 水斋庵三五巷—荷花塘
02 鸣羊里 22 号内巷
02 鸣羊里 22 号内巷
02 鸣羊里 22 号内巷

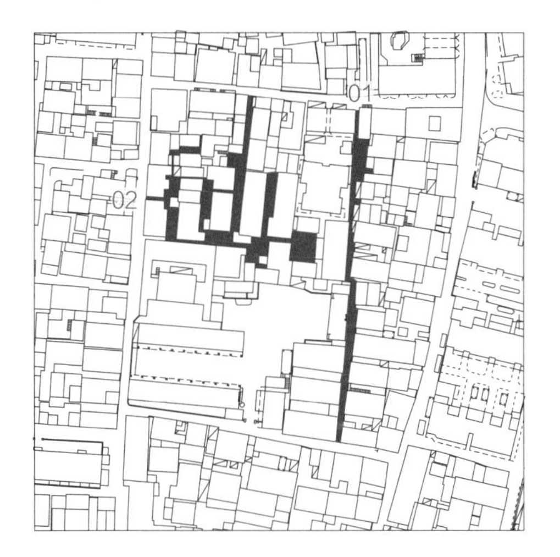
01
02

01 学智坊内巷
01 学智坊内巷
01 学智坊内巷
02 殷高巷 14 号内巷
03 孝顺里 13 号内巷
01 学智坊内巷
01 学智坊内巷
01 学智坊内巷
02 殷高巷 14 号内巷
03 孝顺里 13 号内巷
01 学智坊内巷
01 学智坊内巷
01 学智坊内巷
02 殷高巷 14 号内巷
03 孝顺里 13 号内巷

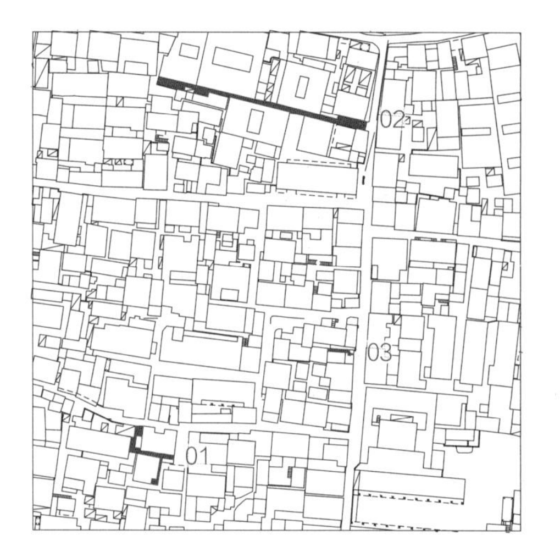
02
03
01

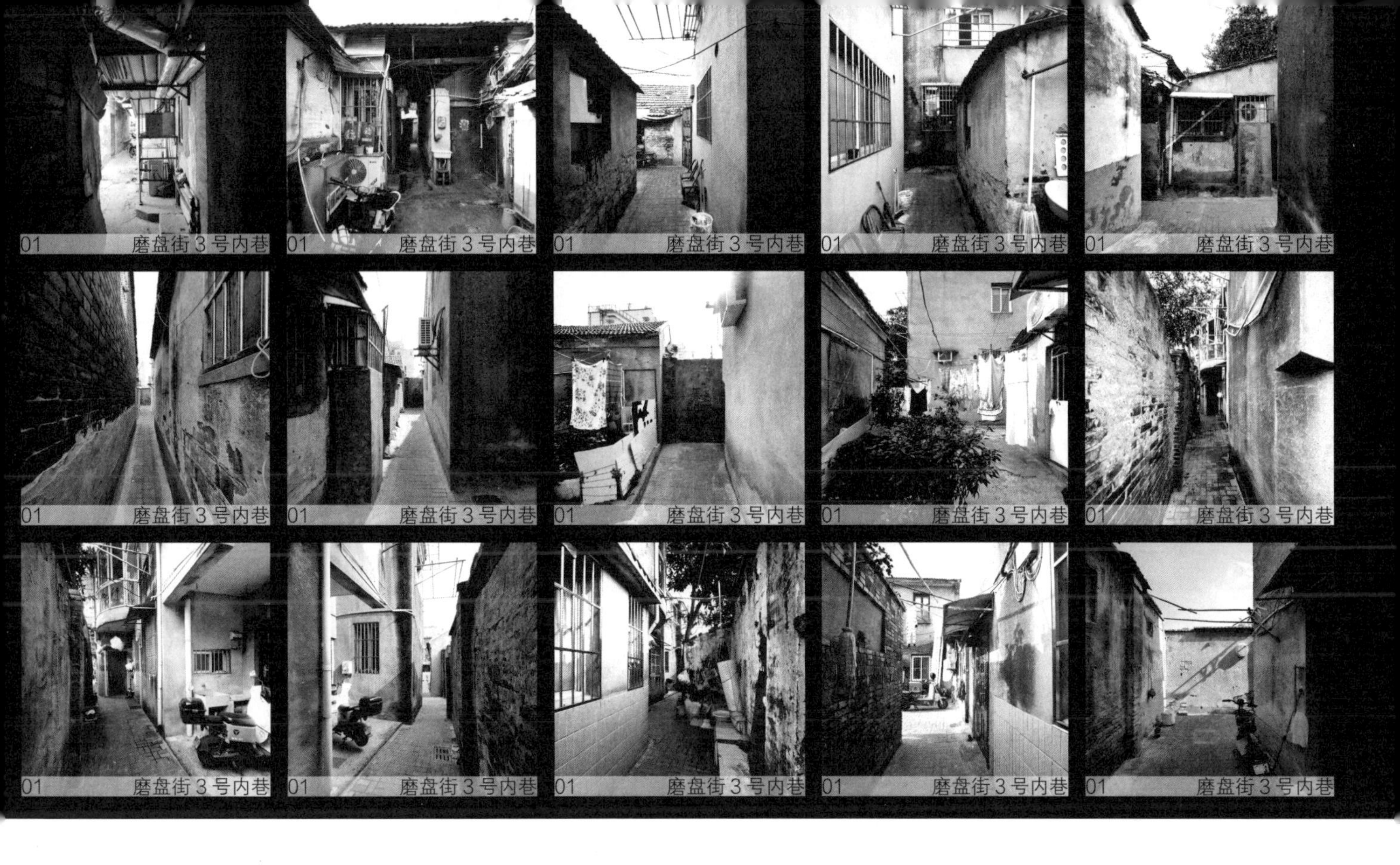
01 磨盘街3号内巷
01 磨盘街3号内巷
01 磨盘街3号内巷
01 磨盘街3号内巷
01 磨盘街3号内巷
01 磨盘街3号内巷
01 磨盘街3号内巷
01 磨盘街3号内巷
01 磨盘街3号内巷
01 磨盘街3号内巷
01 磨盘街3号内巷
01 磨盘街3号内巷
01 磨盘街3号内巷
01 磨盘街3号内巷
01 磨盘街3号内巷

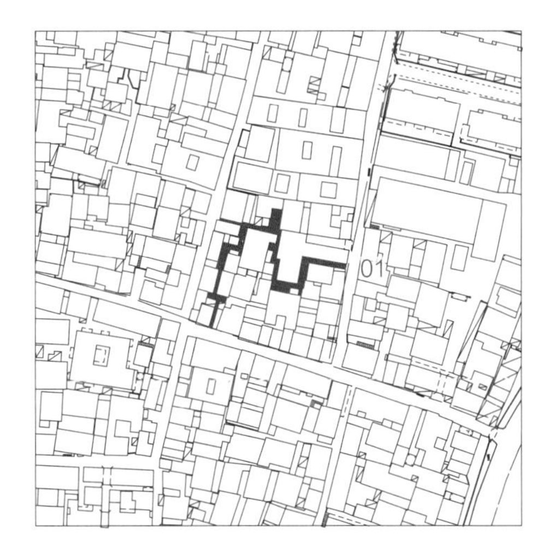
01

01 谢公祠 16 号内巷
01 谢公祠 16 号内巷
01 谢公祠 16 号内巷
01 谢公祠 16 号内巷
02 高岗里 17 号内巷
01 谢公祠 16 号内巷
01 谢公祠 16 号内巷
01 谢公祠 16 号内巷
01 谢公祠 16 号内巷
02 高岗里 17 号内巷
01 谢公祠 16 号内巷
01 谢公祠 16 号内巷
01 谢公祠 16 号内巷
01 谢公祠 16 号内巷
02 高岗里 17 号内巷

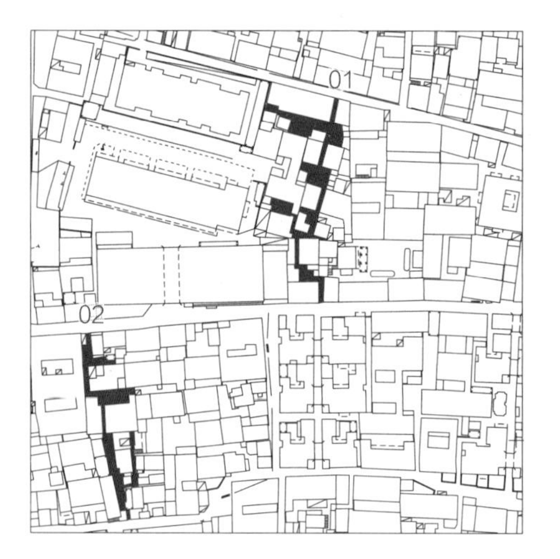
01
02

01 同乡共井 11 号内巷
01 同乡共井 11 号内巷
02 同乡共井 14 号内巷
02 同乡共井 14 号内巷
03 陈家牌坊 27 号内巷
禁止停
01 同乡共井 11 号内巷
01 同乡共井 11 号内巷
02 同乡共井 14 号内巷
03 陈家牌坊 27 号内巷
03 陈家牌坊 27 号内巷
01 同乡共井 11 号内巷
消火栓
01 同乡共井 11 号内巷
02 同乡共井 14 号内巷
03 陈家牌坊 27 号内巷
03 陈家牌坊 27 号内巷

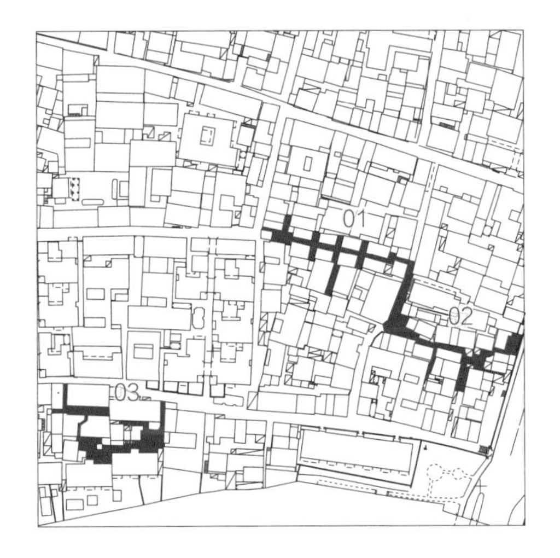
01
02
03

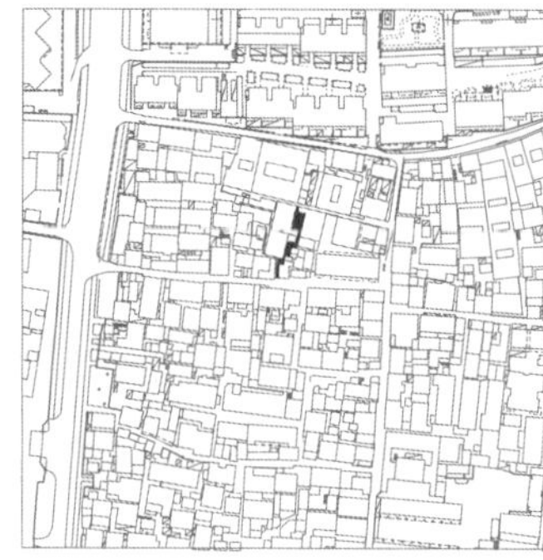

街道 1　殷高巷 14-4 号内巷

01

02

03

04

07

08

09

10

01
02
07
03
04
08
05
09
06
12
10
11

05

06

11

12

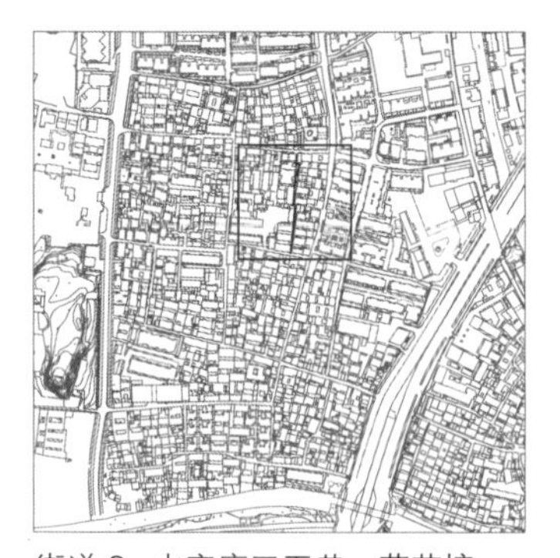

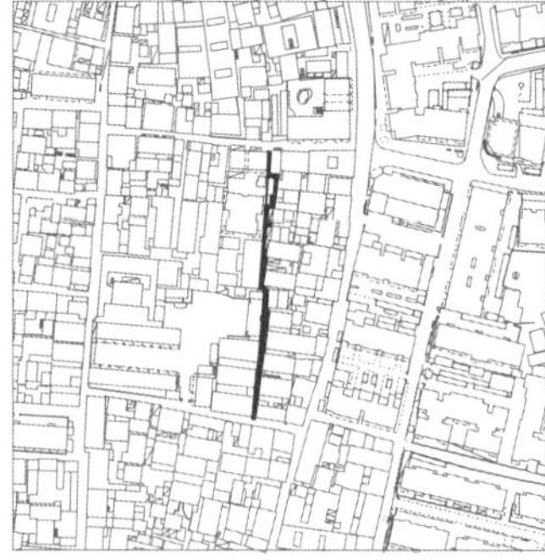

街道 2　水斋庵三五巷—荷花塘

01

02

03

04

07

08

09

10

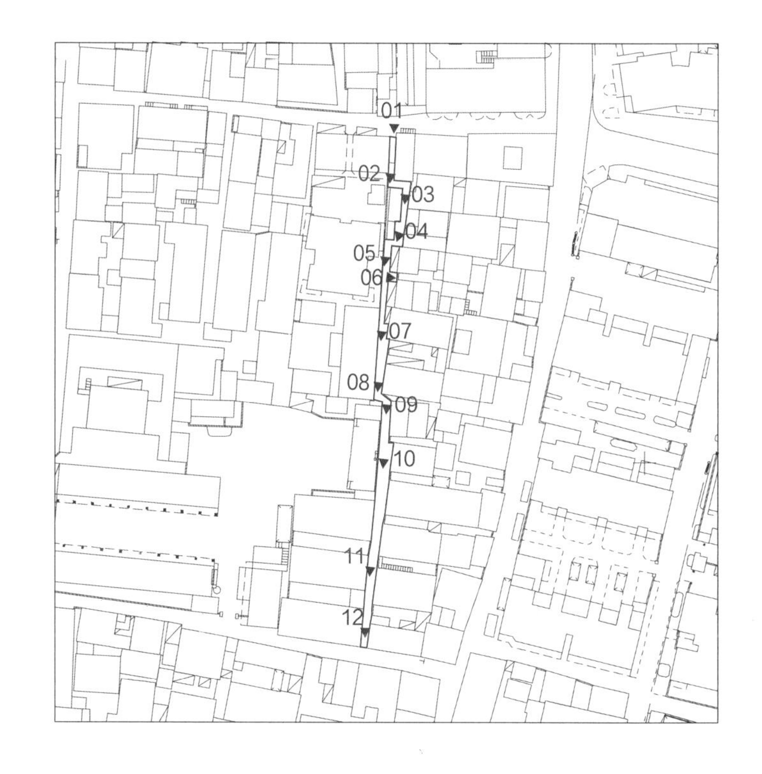
01
02
03
04
05
06
07
08
09
10
11
12

05

06

11

12

街道 3　磨盘街 3 号内巷

07
04
05
06
08
02
09
01
10
11
12
03

05

06

11

12

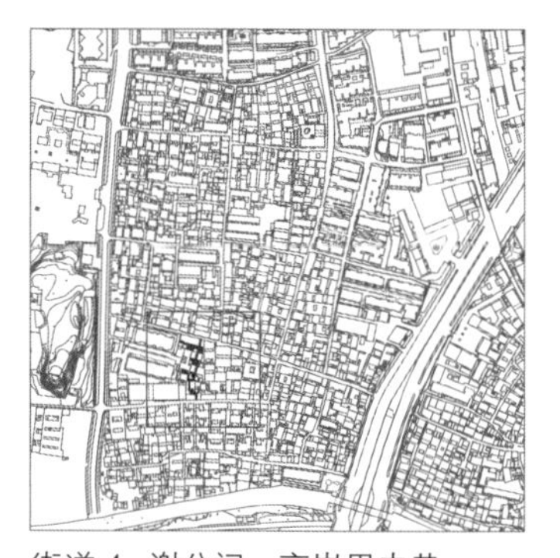
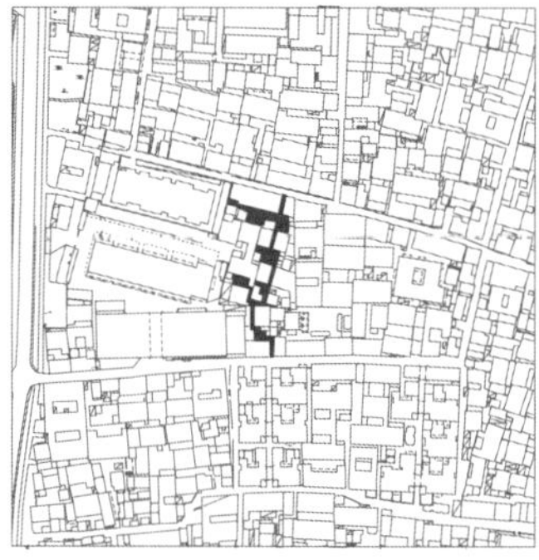

街道 4　谢公祠—高岗里内巷

01 02 03 04 07 08 09 10

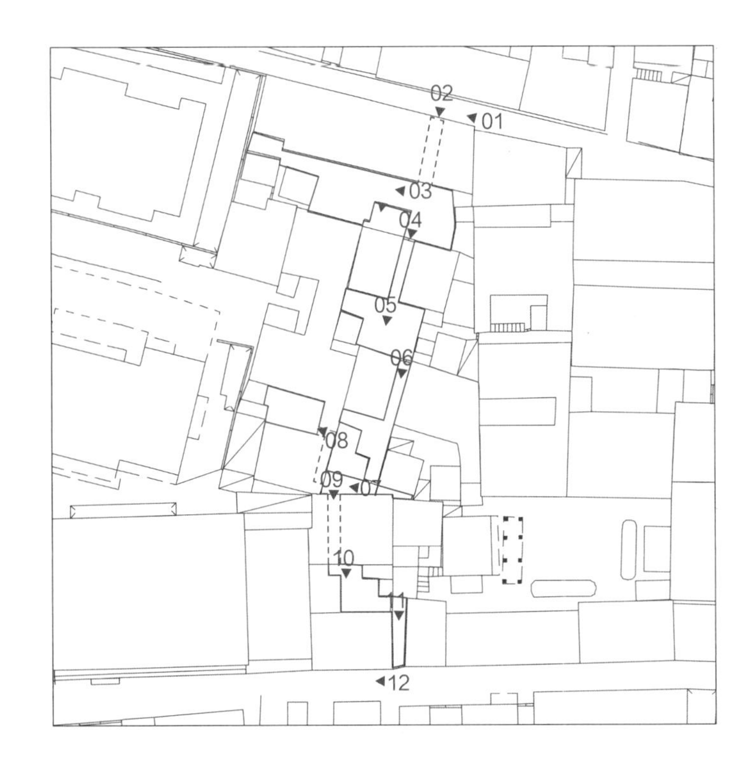
01
02
03
04
05
06
07
08
09
10
11
12

05

06

11

12

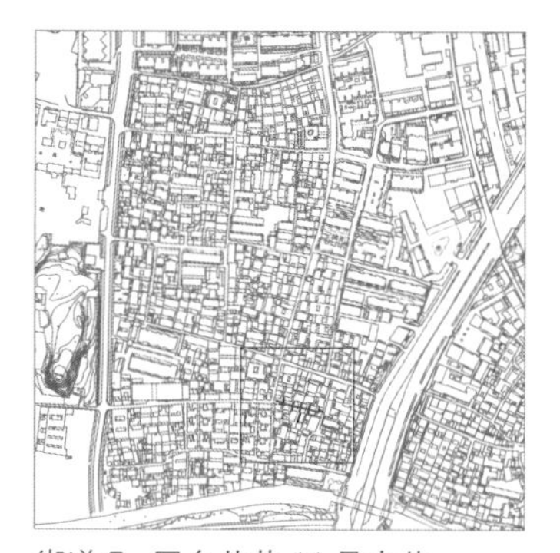

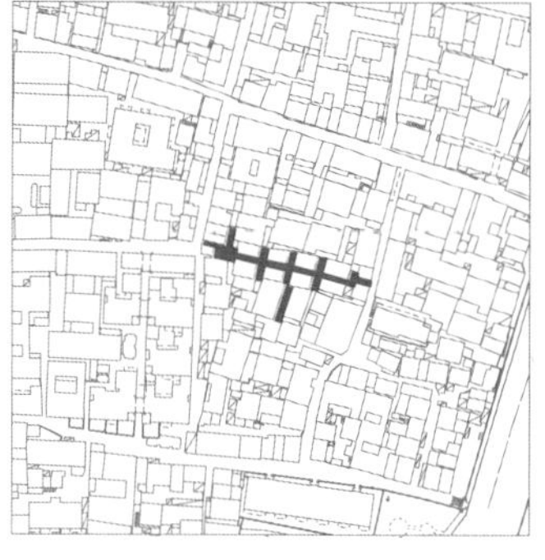

街道 5　同乡共井 11 号内巷

01

02

03

04

07

08

09

10

11
10
12
09
08
07
06
05
04
03
02
01

05

消火栓
06

11

12

院落

传统的院落空间,在时代的演进中,通过生活行为的不断介入,经过用地的拓展与风格的杂糅，产生了丰富而复杂的结构拓扑与空间再现。轴线引导、多进连接的传统院落布局，在空间需求演变和不同主体利益博弈的过程中，被侵占、挤压、拼贴、重构，形成出人意料的结果。其中最主要的变化是单座院落独立性的消退，以及院落之间连通性的增强。原有的明间被挤占为狭长的过道，且保持开放。一些院落的侧墙被打开，形成新的穿越路径。在大多数情况下，院落已不再是私人领地。居住空间的细分导致院落成为供不同家庭进出的公共空间，外人也可从中穿行。过去散布的独立院落演变为内街小巷的节点。

院落和街巷之间的界限正在变得模糊：院落不再孤立存在，而是与周边的街道相互渗透，形成各种特殊的连接方式。院落组合穿越地块,超越单一院落范畴形成一种新的街道网络。而街巷则通过串联不同院落，形成城市空间变化多端的复杂脉络。这种融合并非简单的空间整合，而是对传统院落与街巷之间关系的解构与重塑。

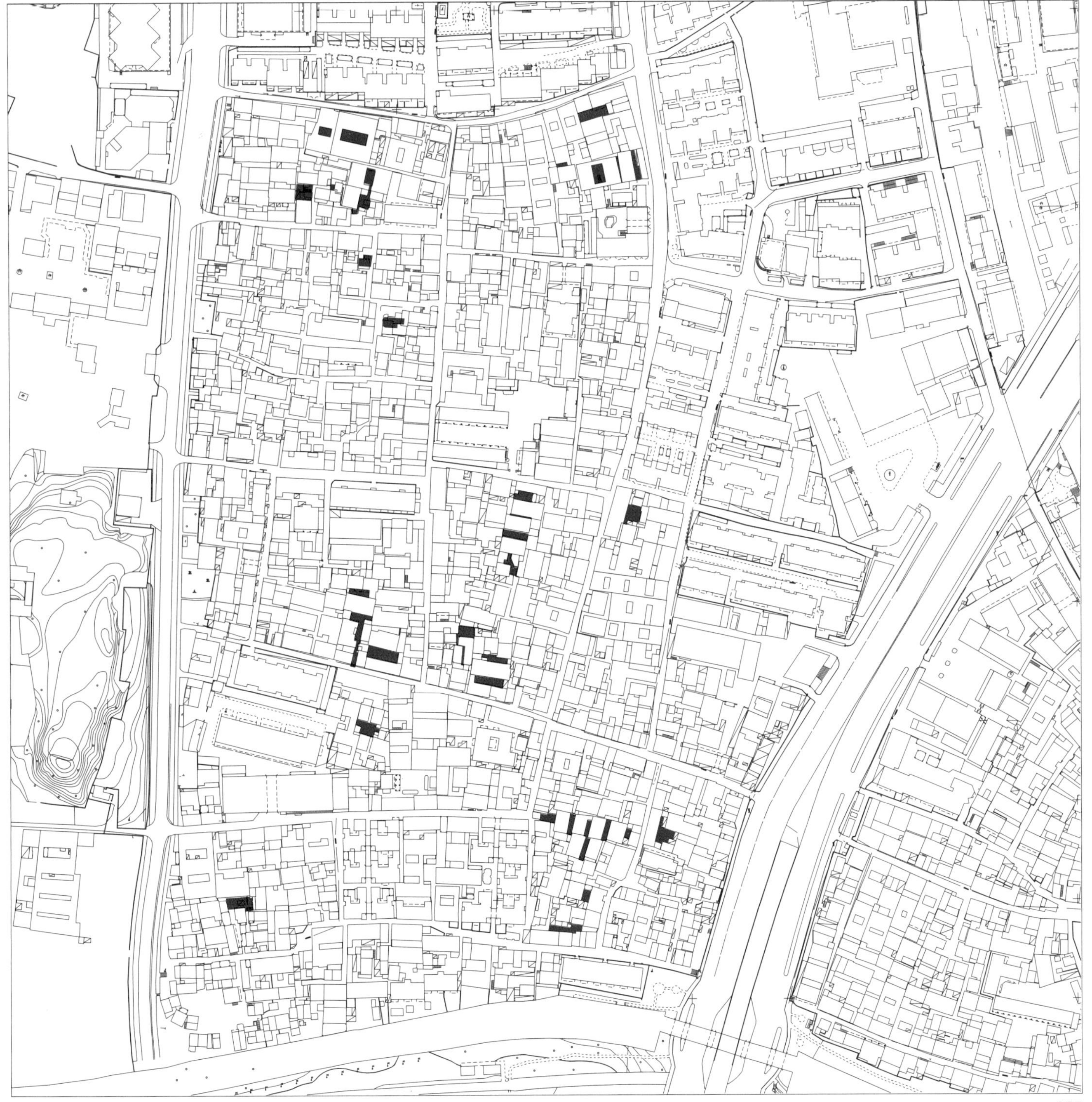

01 鸣羊里 5-3 号院落
01 鸣羊里 5-3 号院落
02 刘芝田故居院落
02 刘芝田故居院落
02 刘芝田故居院落
01 鸣羊里 5-3 号院落
01 鸣羊里 5-3 号院落
02 刘芝田故居院落
02 刘芝田故居院落
02 刘芝田故居院落
01 鸣羊里 5-3 号院落
01 鸣羊里 5-3 号院落
02 刘芝田故居院落
02 刘芝田故居院落
02 刘芝田故居院落

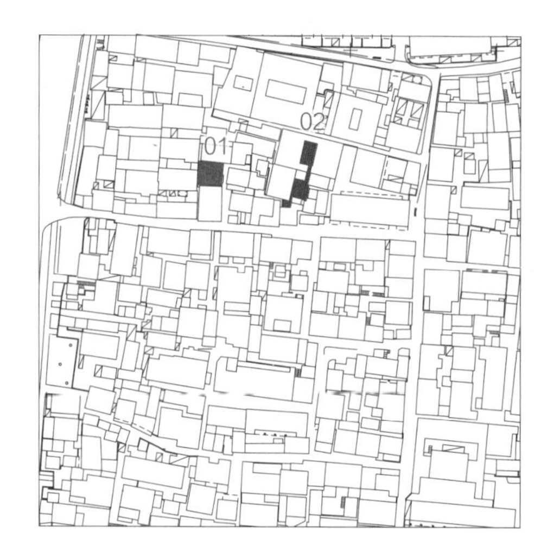

02
01

01 学智坊 10 号院落
02 鸣羊里 8-2 号院落
03 殷高巷 14-2 号院落
04 殷高巷 14-3 号院落
05 鸣羊里 5-4 号院落
01 学智坊 10 号院落
02 鸣羊里 8-2 号院落
03 殷高巷 14-2 号院落
04 殷高巷 14-3 号院落
05 鸣羊里 5-4 号院落
01 学智坊 10 号院落
02 鸣羊里 8-2 号院落
03 殷高巷 14-2 号院落
04 殷高巷 14-3 号院落
05 鸣羊里 5-4 号院落

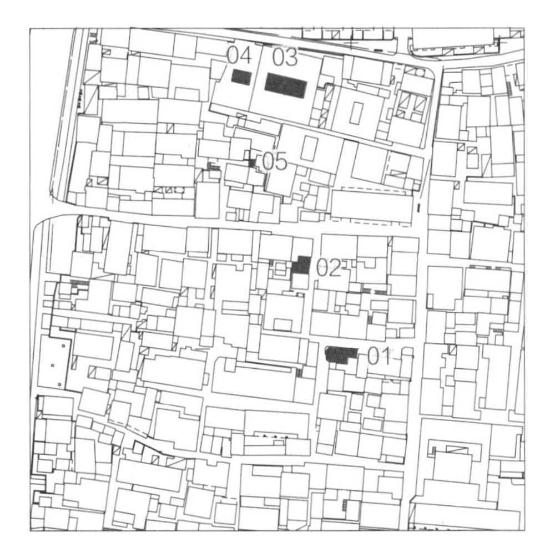
04
03
05
02
01

01 殷高巷 26 号院落 1
02 殷高巷 26 号院落 2
03 水斋庵 41 号院落
03 水斋庵 41 号院落
04 水斋庵 41 号天井
01 殷高巷 26 号院落 1
02 殷高巷 26 号院落 2
03 水斋庵 41 号院落
03 水斋庵 41 号院落
04 水斋庵 41 号天井
01 殷高巷 26 号院落 1
02 殷高巷 26 号院落 2
03 水斋庵 41 号院落
03 水斋庵 41 号院落
04 水斋庵 41 号天井

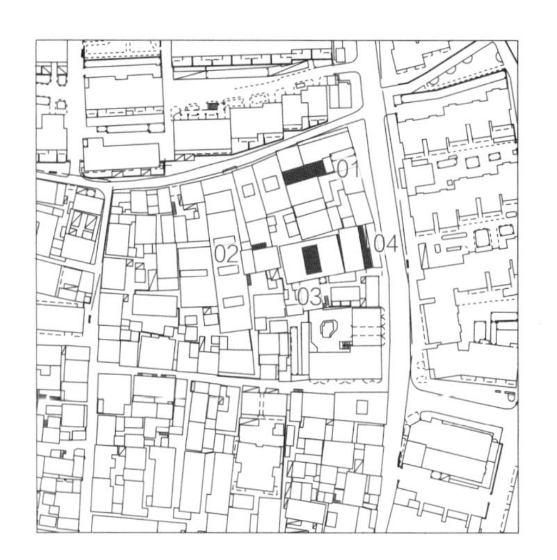

01
02
04
03

01 荷花塘 5 号院落
02 谢公祠 12 号院落
03 谢公祠 14 号院落
04 谢公祠 20 号院落
05 谢公祠某院落
01 荷花塘 5 号院落
02 谢公祠 12 号院落
03 谢公祠 14 号院落
04 谢公祠 20 号院落
05 谢公祠某院落
01 荷花塘 5 号院落
02 谢公祠 12 号院落
03 谢公祠 14 号院落
04 谢公祠 20 号院落
05 谢公祠某院落

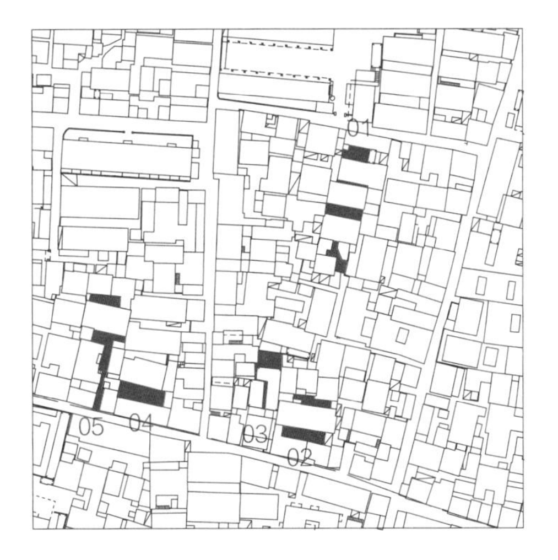
01
05
04
03
02

01 高岗里 20 号院落
02 近陈家牌坊 42 号院落
02 近陈家牌坊 42 号院落
02 近陈家牌坊 42 号院落
03 近磨盘街 15 号院落
01 高岗里 20 号院落
02 近陈家牌坊 42 号院落
02 近陈家牌坊 42 号院落
03 近磨盘街 15 号院落
03 近磨盘街 15 号院落
01 高岗里 20 号院落
02 近陈家牌坊 42 号院落
02 近陈家牌坊 42 号院落
03 近磨盘街 15 号院落
03 近磨盘街 15 号院落

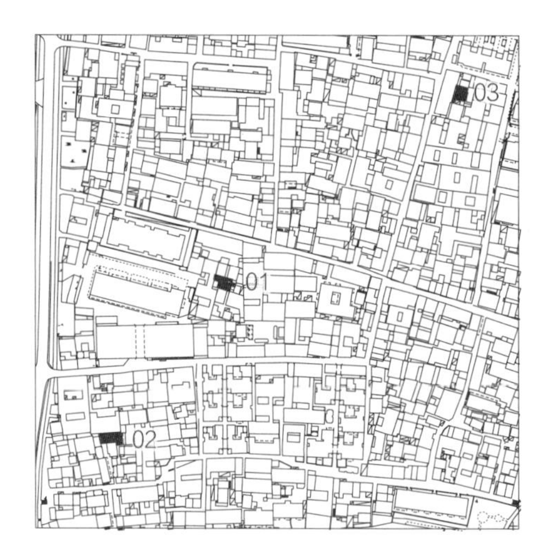
03
01
02

01 同乡共井 11 号院落 1
02 同乡共井 11 号院落 2
03 同乡共井 11 号院落 3
04 同乡共井 5 号院落
04 同乡共井 5 号院落
01 同乡共井 11 号院落 1
02 同乡共井 11 号院落 2
03 同乡共井 11 号院落 3
04 同乡共井 5 号院落
04 同乡共井 5 号院落
01 同乡共井 11 号院落 1
02 同乡共井 11 号院落 2
03 同乡共井 11 号院落 3
04 同乡共井 5 号院落
04 同乡共井 5 号院落

04
01
02
03

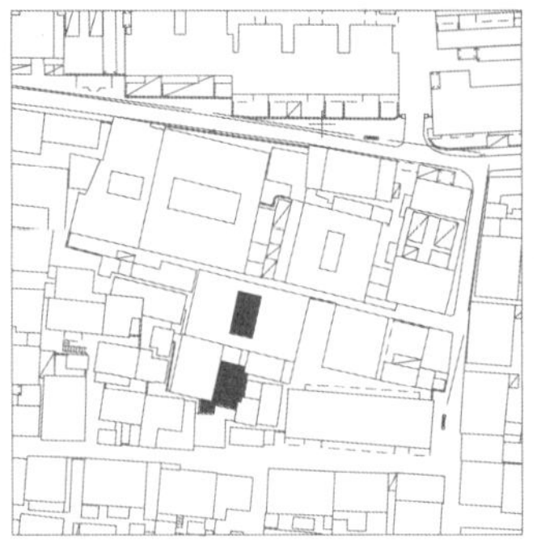

院落 1　刘芝田故居院落

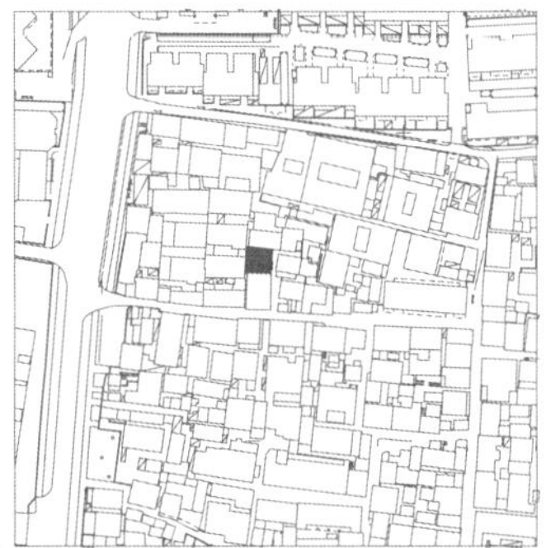

院落 2　鸣羊里 5-3 号院落

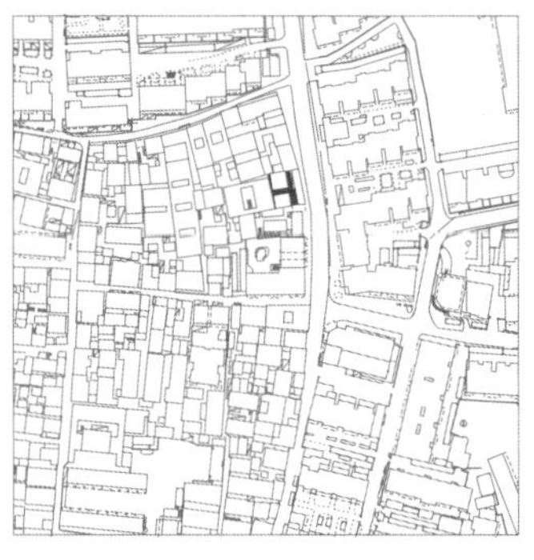

院落 3　水斋庵 41 号院落

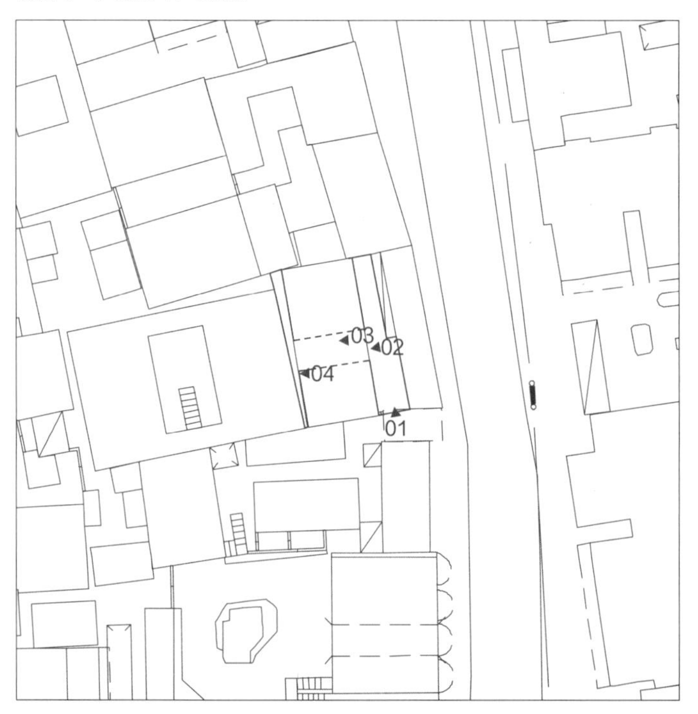

院落 4　荷花塘 5 号院落

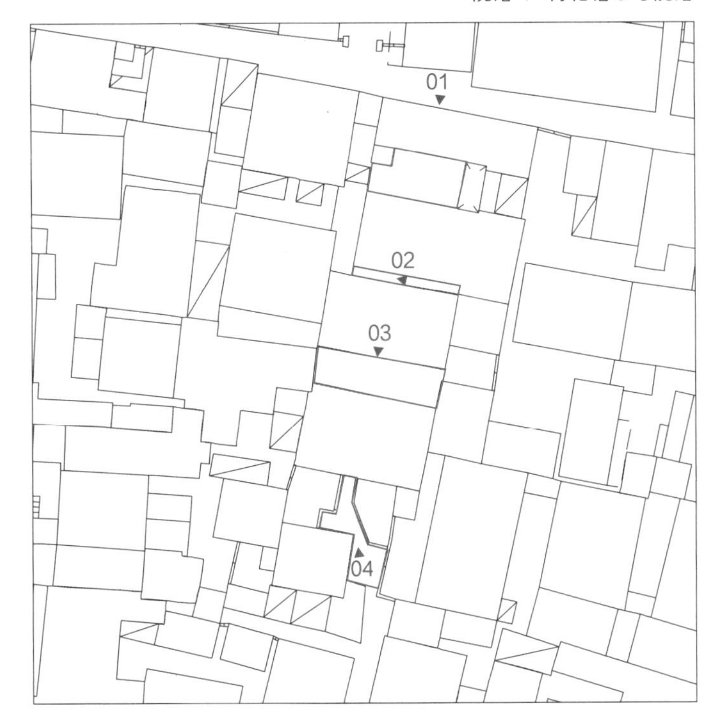

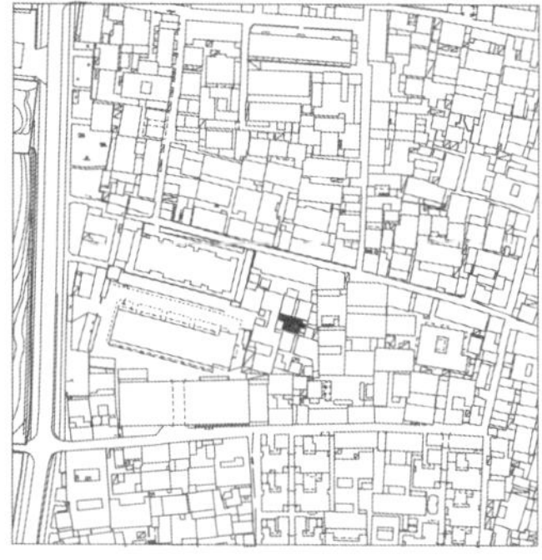

院落 5 高岗里 20 号院落

院落6　同乡共井 11 号院落

楼梯

作为建筑体系中连接上下、穿越空间的重要元素，楼梯不仅体现了空间连接的功能性，也体现了使用者日常活动的生活意义，传达了人们对建筑空间的需求与认识。楼梯的形式随着生活与功能的演变而不断发生变化，体现了不同时期、不同使用方式的秩序特征。

随着城市的快速发展，身处老城区的门西地区在不断的自主生长中，通过三维空间的扩张争取发展空间。在各种自觉与非自觉的建造中，楼梯在建筑空间体系中体现了满足基本功能基础上的形态与空间意义，通过不同的材料、结构与空间的组织与连接，在封闭与开敞、笔直与转折、明亮与昏暗、室内与室外之间，隐匿在门西街区不同角落，形成了一处处蕴含特殊空间与生活潜力的场所。楼梯不仅具有独立的建筑基本要素性意义，同时也像一栋建筑中的生活缩影，具有独特的空间引导力与指向性，由此在门西的不同场所激发空间再造与生活重塑的潜力。

01 殷高巷 22 号楼梯
02 水斋庵 41 号楼梯
03 水斋庵三五巷某楼梯 1
05 水斋庵三五巷某楼梯 2
06 荷花塘 4 号楼梯
02 水斋庵 41 号楼梯
02 水斋庵 41 号楼梯
04 殷高巷某楼梯
05 水斋庵三五巷某楼梯 2
06 荷花塘 4 号楼梯
02 水斋庵 41 号楼梯
03 水斋庵三五巷某楼梯 1
04 殷高巷某楼梯
05 水斋庵三五巷某楼梯 2
07 水斋庵三五巷某楼梯 3

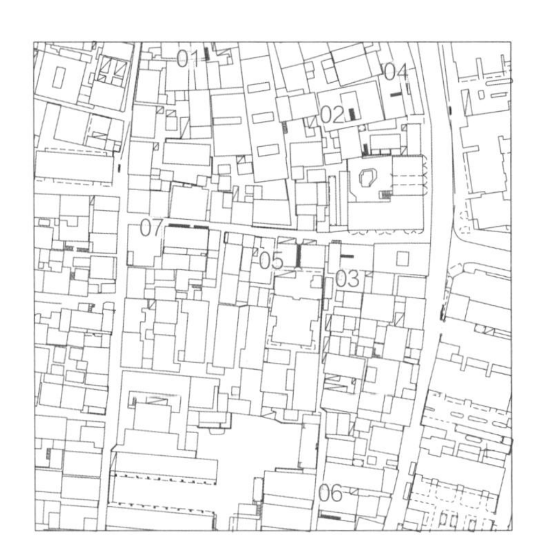
01
04
02
07
05
03
06

01 五福里某楼梯
02 五福里 11 号楼梯
03 孝顺里 2 号楼梯
04 荷花塘某楼梯
05 谢公祠某楼梯
01 五福里某楼梯
02 五福里 11 号楼梯
03 孝顺里 2 号楼梯
04 荷花塘某楼梯
06 孝顺里某楼梯 1
01 五福里某楼梯
02 五福里 11 号楼梯
03 孝顺里 2 号楼梯
04 荷花塘某楼梯
07 孝顺里某楼梯 2

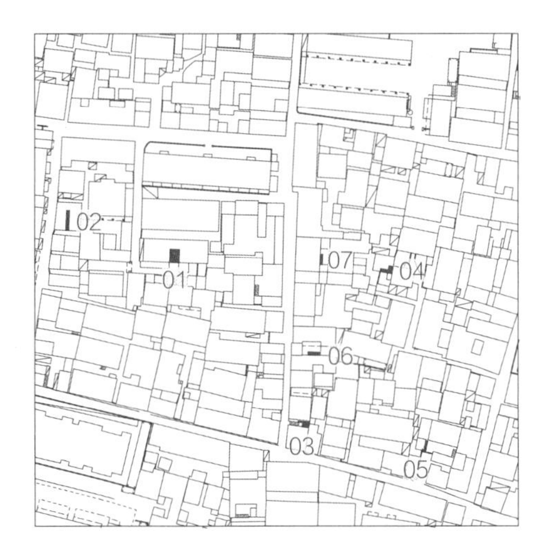

02
01
07
04
06
03
05

01 饮马巷 102 号楼梯
02 磨盘街某楼梯 1
03 磨盘街 5 号楼梯
04 磨盘街某楼梯 2
06 磨盘街 2 号楼梯
01 饮马巷 102 号楼梯
02 磨盘街某楼梯 1
03 磨盘街 5 号楼梯
05 磨盘街 7 号楼梯
06 磨盘街 2 号楼梯
01 饮马巷 102 号楼梯
03 磨盘街 5 号楼梯
04 磨盘街某楼梯 2
06 磨盘街 2 号楼梯
06 磨盘街 2 号楼梯

05
02
03
06
04
01

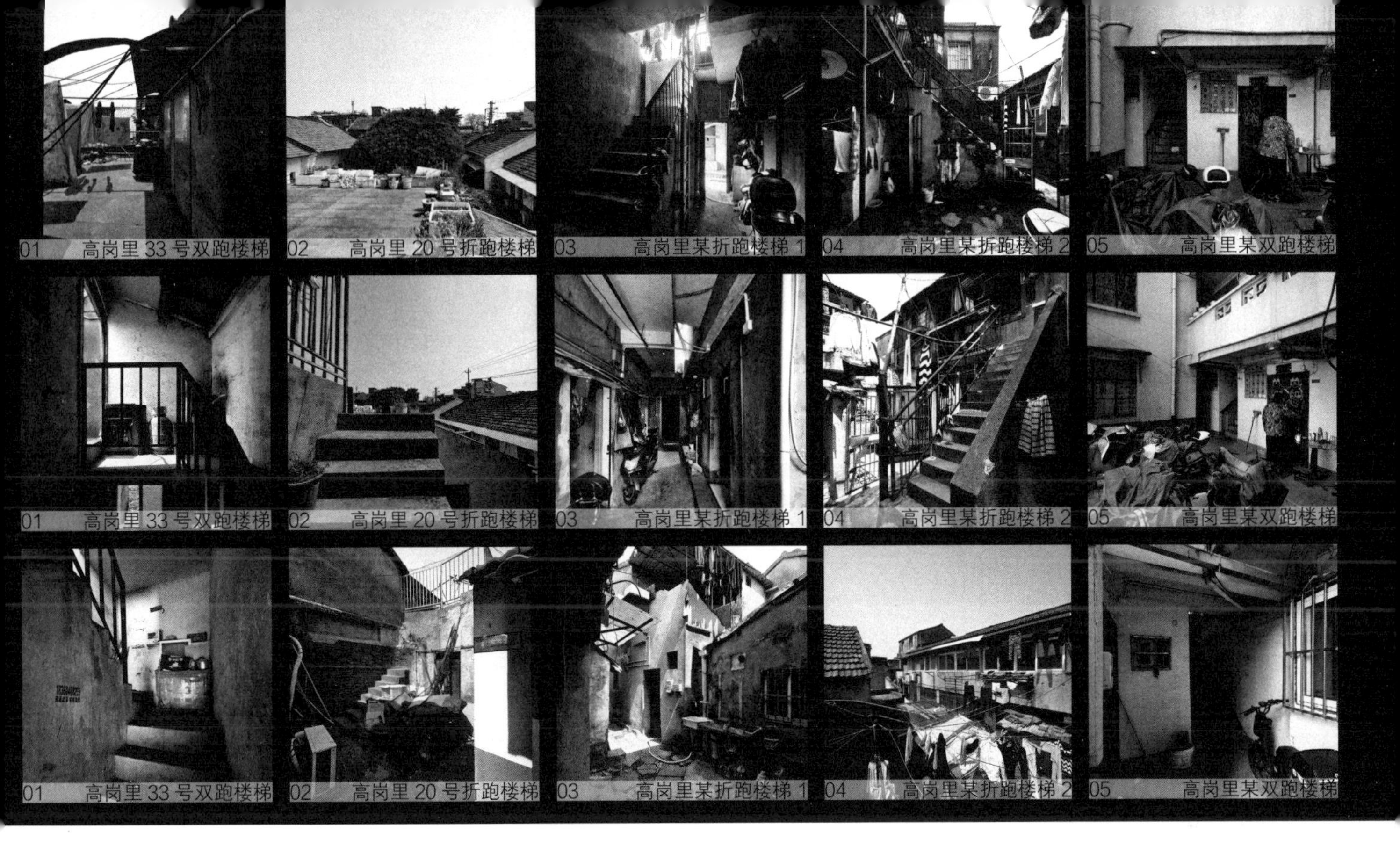
01 高岗里 33 号双跑楼梯
02 高岗里 20 号折跑楼梯
03 高岗里某折跑楼梯 1
04 高岗里某折跑楼梯 2
05 高岗里某双跑楼梯
01 高岗里 33 号双跑楼梯
02 高岗里 20 号折跑楼梯
03 高岗里某折跑楼梯 1
04 高岗里某折跑楼梯 2
05 高岗里某双跑楼梯
01 高岗里 33 号双跑楼梯
02 高岗里 20 号折跑楼梯
03 高岗里某折跑楼梯 1
04 高岗里某折跑楼梯 2
05 高岗里某双跑楼梯

02
05
01
04
03

01 陈家牌坊某楼梯 1
04 同乡共井 1 号楼梯
06 陈家牌坊某楼梯 4
07 同乡共井 3 号楼梯
10 同乡共井某楼梯 2
02 同乡共井某楼梯 1
04 同乡共井 1 号楼梯
06 陈家牌坊某楼梯 4
08 陈家牌坊某楼梯 5
11 同乡共井某楼梯 3
03 陈家牌坊某楼梯 2
05 陈家牌坊某楼梯 3
06 陈家牌坊某楼梯 4
09 陈家牌坊某楼梯 6
12 陈家牌坊某楼梯 7

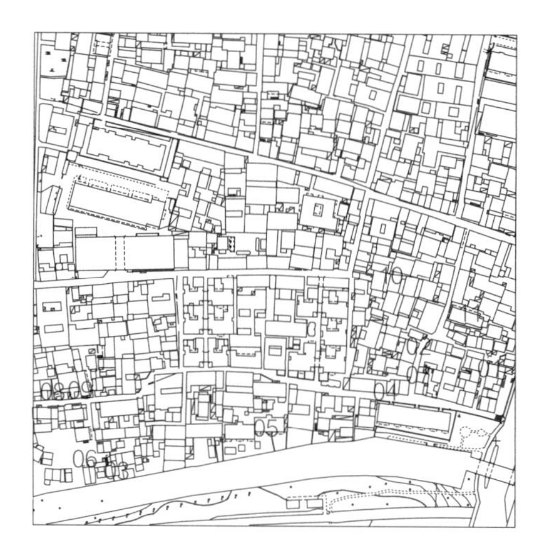

01 鸣羊里 5 号楼梯
01 鸣羊里 5 号楼梯
02 学智坊 10-9 号楼梯
02 学智坊 10-9 号楼梯
03 孝顺里 13 号楼梯
01 鸣羊里 5 号楼梯
01 鸣羊里 5 号楼梯
02 学智坊 10-9 号楼梯
03 孝顺里 13 号楼梯
03 孝顺里 13 号楼梯
01 鸣羊里 5 号楼梯
02 学智坊 10-9 号楼梯
02 学智坊 10-9 号楼梯
03 孝顺里 13 号楼梯
03 孝顺里 13 号楼梯

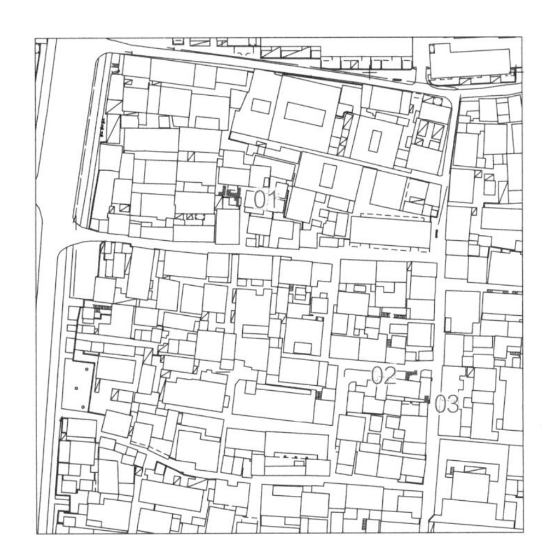
01
02
03

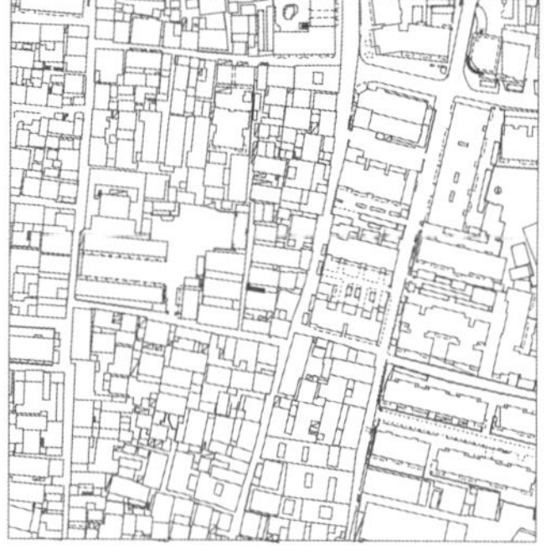

楼梯 1　荷花塘 4 号楼梯

楼梯 2　水斋庵 41 号楼梯

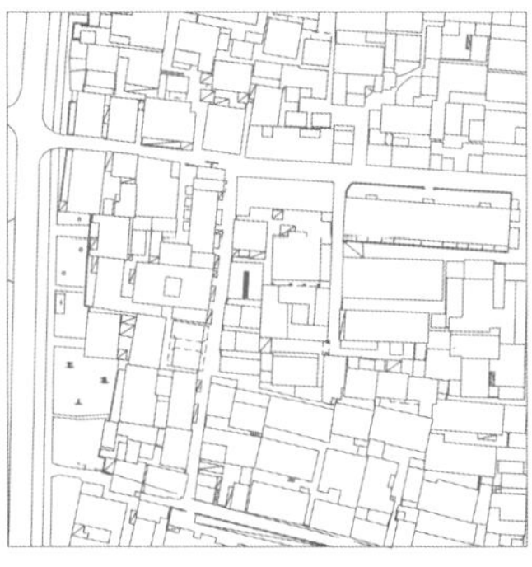

楼梯 3　五福里 11 号楼梯

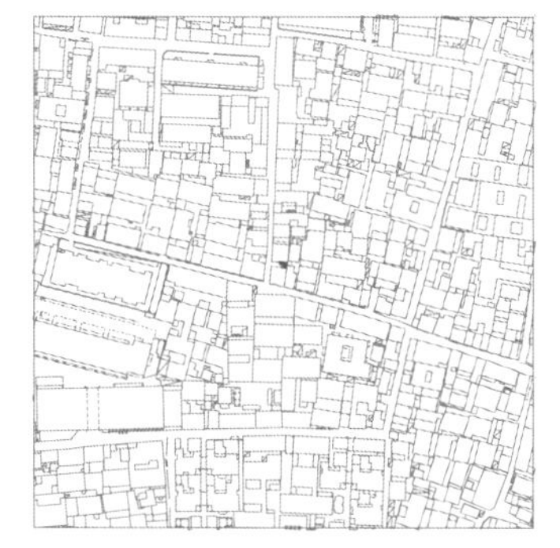

楼梯 4　孝顺里 2 号楼梯

楼梯 5　高岗里 33 号双跑楼梯

楼梯 6　高岗里某折跑楼梯

楼梯 7　同乡共井 1 号楼梯

楼梯 8 同乡共井 3 号楼梯

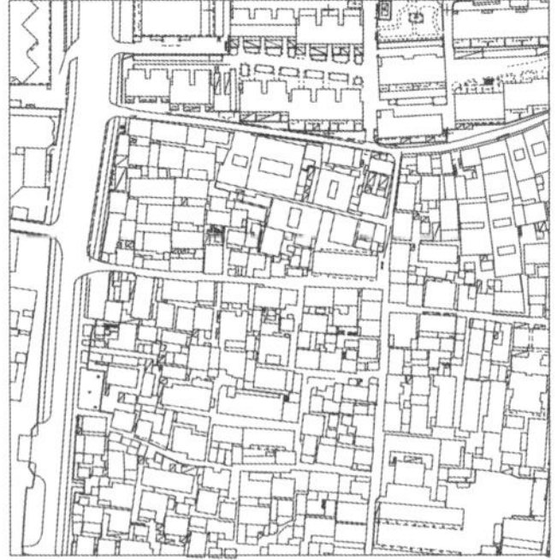

楼梯 9　鸣羊里 5 号楼梯

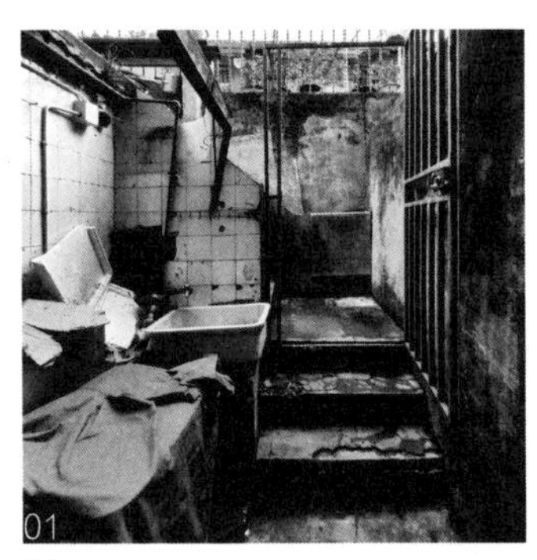

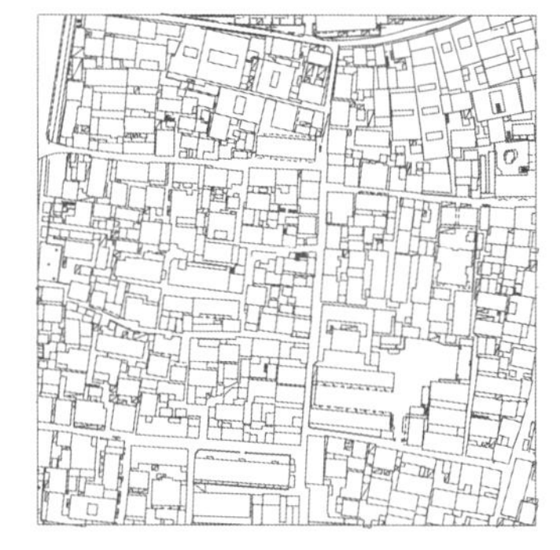

楼梯 10　学智坊 10-9 号楼梯

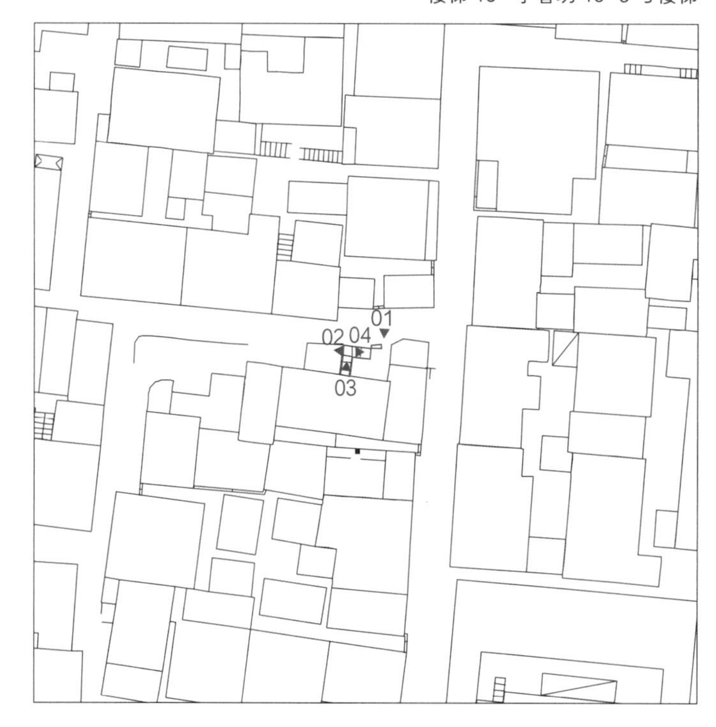

门

门西地区的门，根据其具体位置，具有“街门”“院门”“房门”等不同类型。作为一种边界的限定，门西地区的门，代表了空间序列的开端、限定与分隔。其形式与空间意义，进一步反映了门西地区的生活缩影。其中，固有与加建的门在城市性与建筑性的类型化定义中，逐步揭示其时间性与空间性的整合与延伸。

在不同的材质、形式、功能、大小、虚实之间，门的序列、嵌套与相互之间的对望，成为对门的观察的重要起点。门的空间性，一方面来源于其传统的街区与建筑类型，另一方面也同时反映了一种生活与空间实践下的重塑意义。连接不同空间的门，其组合模式充满多样性，这在各种门的对象化观察与相互影响的领域中，实现了对于门的物质性与社会性的反思与再现。

01 近陈家牌坊 33 号门
01 近陈家牌坊 33 号门
02 陈家牌坊 27-1 号门
02 陈家牌坊 27-1 号门
03 同乡共井 15 号门
01 近陈家牌坊 33 号门
02 陈家牌坊 27-1 号门
02 陈家牌坊 27-1 号门
03 同乡共井 15 号门
03 同乡共井 15 号门
01 近陈家牌坊 33 号门
02 陈家牌坊 27-1 号门
02 陈家牌坊 27-1 号门
03 同乡共井 15 号门
03 同乡共井 15 号门

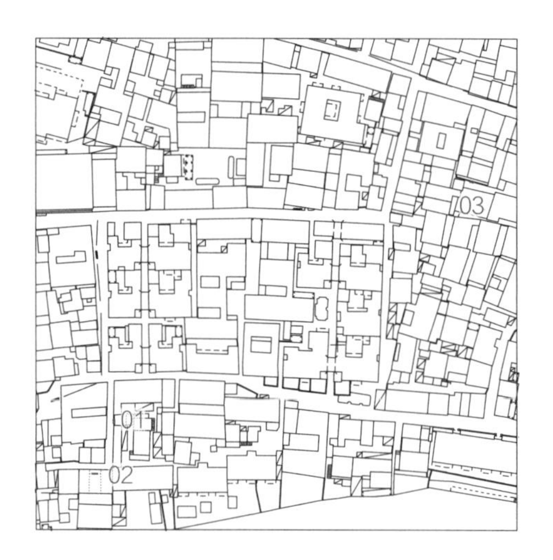
03
01
02

01 近鸣羊里 9-1 号门
02 殷高巷 14-6 号门
05 五福里 16 号门
08 近孝顺里 13 号门
08 近孝顺里 13 号门
01 近鸣羊里 9-1 号门
03 学智坊 5 号门
06 五福里 4 号门
08 近孝顺里 13 号门
08 近孝顺里 13 号门
01 近鸣羊里 9-1 号门
04 五福里 10 号门
07 学智坊某门
08 近孝顺里 13 号门
08 近孝顺里 13 号门

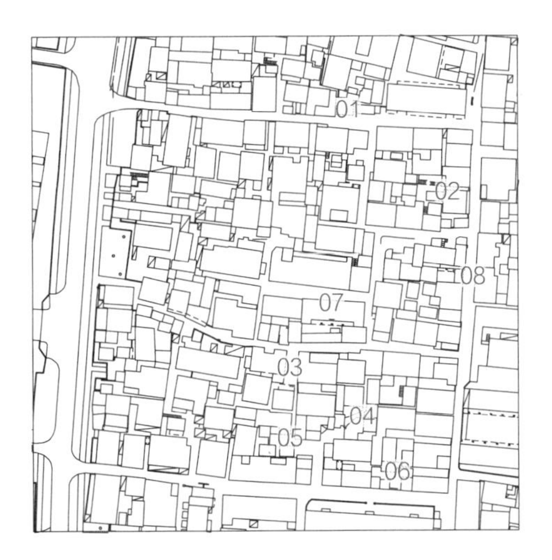
01
02
08
07
03
04
05
06

01 陈家牌坊 21 号后门
02 高岗里 5 号门
03 陈家牌坊 14-5 号门
04 同近水斋庵 7 号门
06 高岗里 17-19 号后门
01 陈家牌坊 21 号后门
02 高岗里 5 号门
03 陈家牌坊 14-5 号门
05 近饮马巷 120 号门
06 高岗里 17-19 号后门
01 陈家牌坊 21 号后门
03 陈家牌坊 14-5 号门
04 近水斋庵 7 号门
05 近饮马巷 120 号门
07 近同乡共井 1-1 号门

04
05
02
06
07
03
01

01 孝顺里 26 号门
02 孝顺里 22 号门 1
05 孝顺里 22 号门 2
07 孝顺里 22 号门 4
09 殷高巷 26 号门 2
01 孝顺里 26 号门
03 孝顺里某门
05 孝顺里 22 号门 2
07 孝顺里 22 号门 4
10 殷高巷 32 号门
02 孝顺里 22 号门 1
04 水斋庵 25 号门
06 孝顺里 22 号门 3
08 殷高巷 26 号门 1
11 荷花塘某门

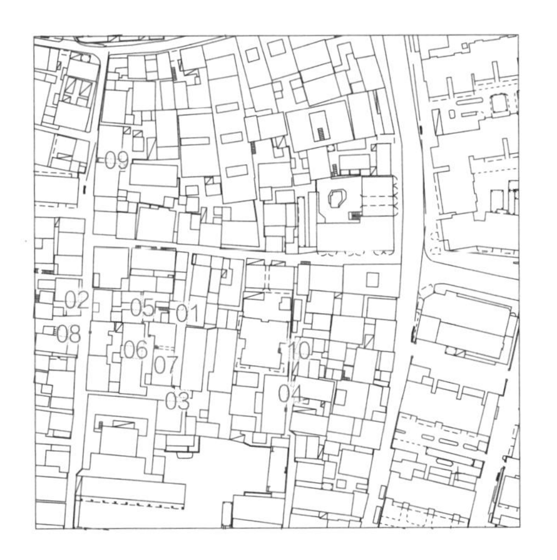
09
02
05
01
08
06
07
10
04
03

01 孝顺里某门 1
02 高岗里某门 1
03 磨盘街某门 1
04 高岗里某门 2
05 荷花塘 5 号门
01 孝顺里某门 1
02 高岗里某门 1
03 磨盘街某门 1
04 高岗里某门 2
06 磨盘街某门 2
01 孝顺里某门 1
02 高岗里某门 1
03 磨盘街某门 1
04 高岗里某门 2
07 孝顺里某门 2

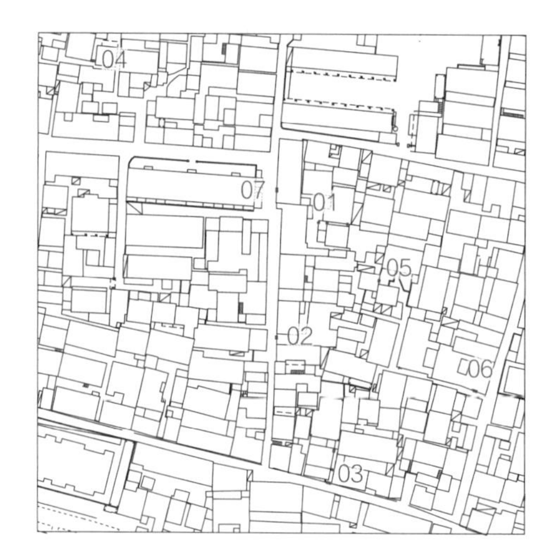
04
07
01
05
02
06
03

01 高岗里 37 号门

04 高岗里 19 号门

07 高岗里 13 号门

10 高岗里快递点门

13 高岗里 29 号门

02 谢公祠 16 号院内门 1

05 高岗里 21 号门

08 高岗里 31 号门

11 强兴百货门

14 谢公祠 16 号院内门 4

03 高岗里 21 号对面门

06 谢公祠 16 号院内门 2

09 谢公祠 16 号院外门

12 谢公祠 16 号院内门 3

15 谢公祠 16 号院内门 5

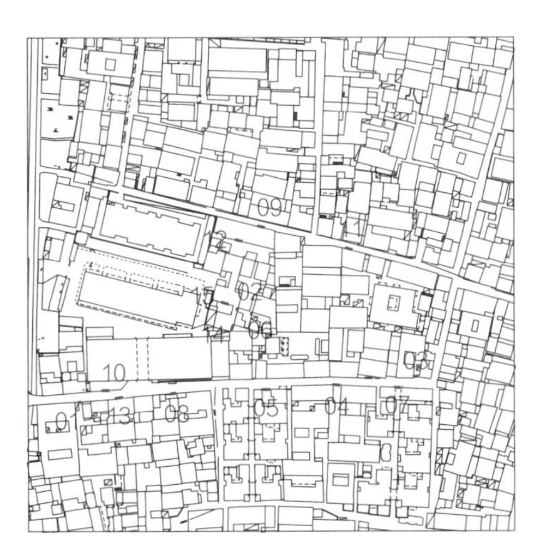

门 1　近陈家牌坊 33 号门

门 2　同乡共井 15 号院内门

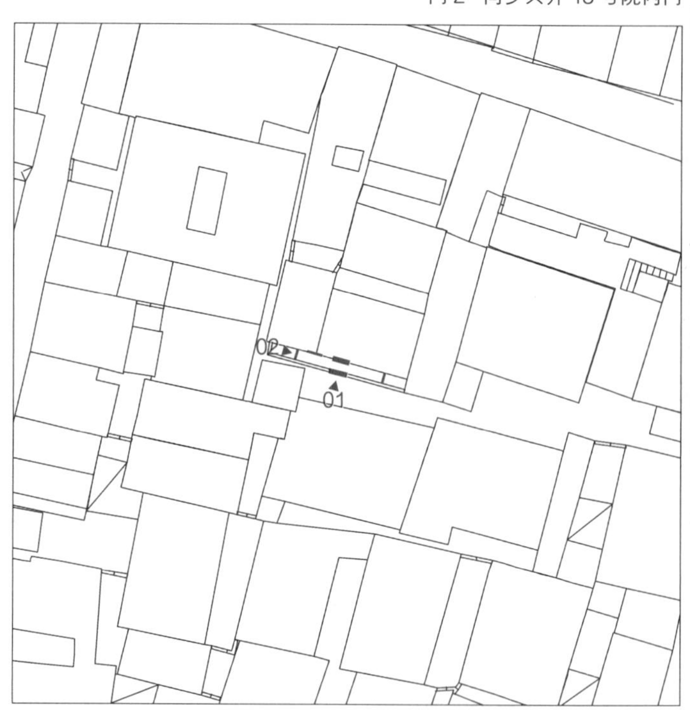

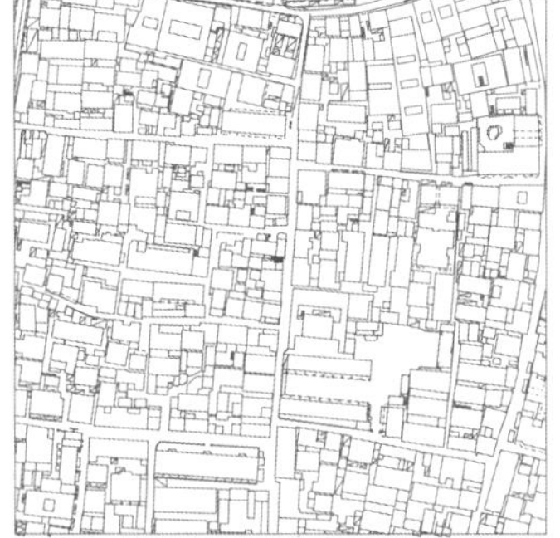

门 3　孝顺里 13 号门

门 4　近鸣羊里 9-1 号门

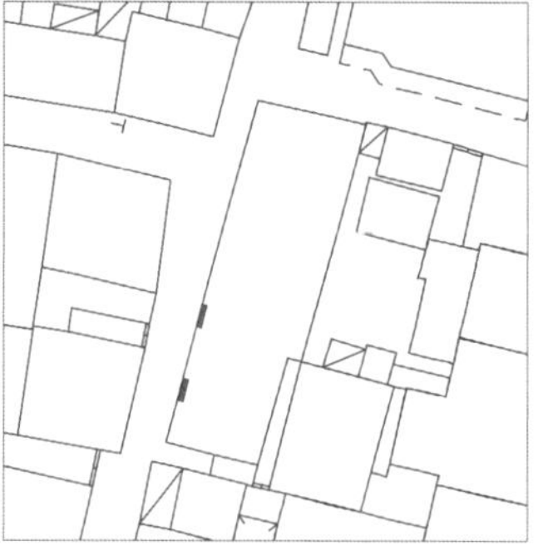

门 5　磨盘街 15 号后门

01
02

门 6　陈家牌坊 27-1 号门

门 7　孝顺里 26 号门

门 8　孝顺里 22 号门

门 9　孝顺里某门

门 10　磨盘街某门

门 11 高岗里 31 号门

01

02

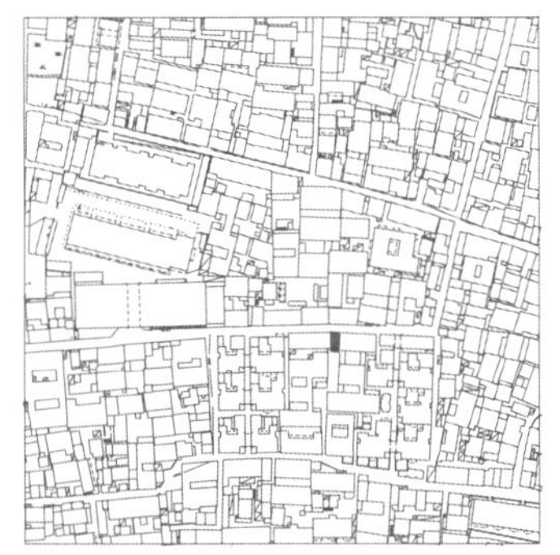

门 12 高岗里 19 号门

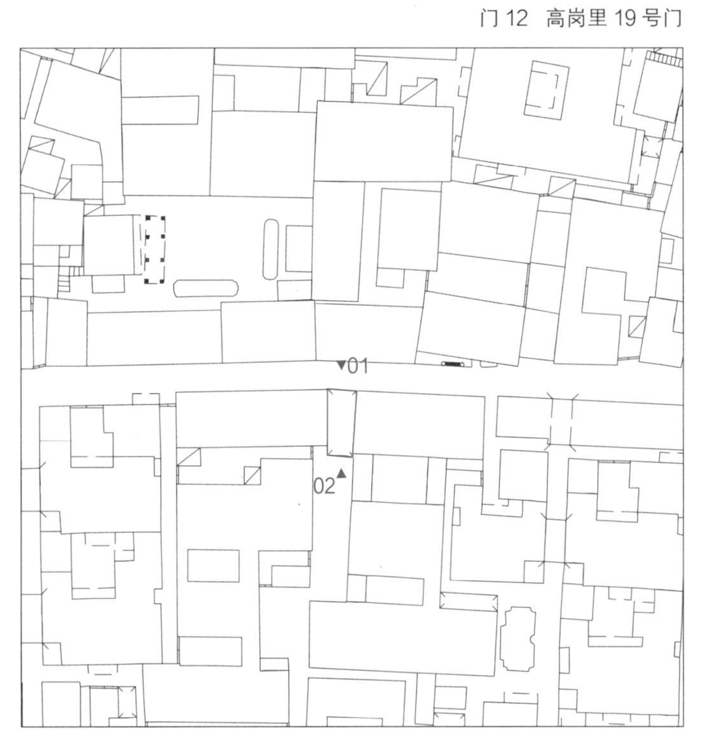

檐口

檐下的空间，是一种以覆盖的方式定义的空间。檐口的出现，将动态的城市公共空间部分定义为具有停留性的领域空间。而这种以不同的形式在不同时期加建的檐口，结合原有的檐下系统，重新组织了门西地区的灰度空间系统。门西地区的檐口，在历经各种产权分割、空间重组、功能加建之后，在空间、结构、材质上与既有建筑物相互组织，产生了特殊的“既有”与“加建”的组织状态。

针对门西地区檐口的观察与记录，一方面关注其存在方式，另一方面强调其空间属性。作为一个更复杂的空间与生活系统，门西地区的檐口不仅具备檐口自身的“遮蔽空间投下阴影”“半开放式地限定空间”等意义，同时还包含对“新老空间的结合”“不同材料结构的交接”等多对象互动阐述的复合意义。

01 学智坊 10-9 号檐口
04 鸣羊里 14 号檐口
07 五福里 14 号檐口 1
10 学智坊某檐口 2
13 五福里 4 号檐口
02 学智坊 10-6 号檐口
05 五福里 10 号檐口 1
08 五福里 14 号檐口 2
11 五福里 14 号檐口 3
14 五福里 10 号檐口 2
03 学智坊 10-1 号檐口
06 鸣羊里 8 号檐口
09 学智坊某檐口 1
12 学智坊 5 号檐口
15 五福里某内院檐口

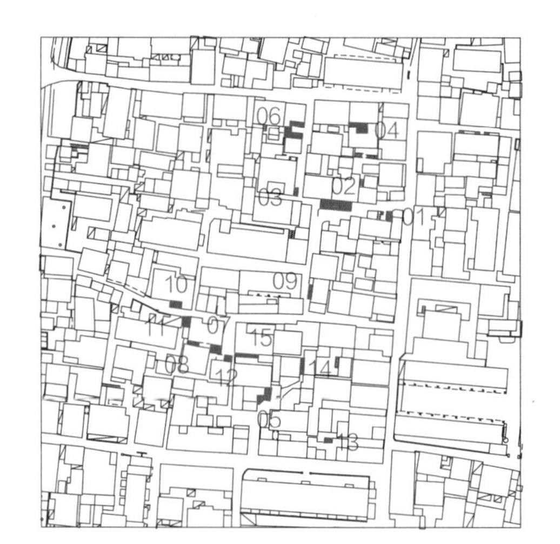

06
04
02
03
01
10
09
11
07
15
08
12
14
05
13

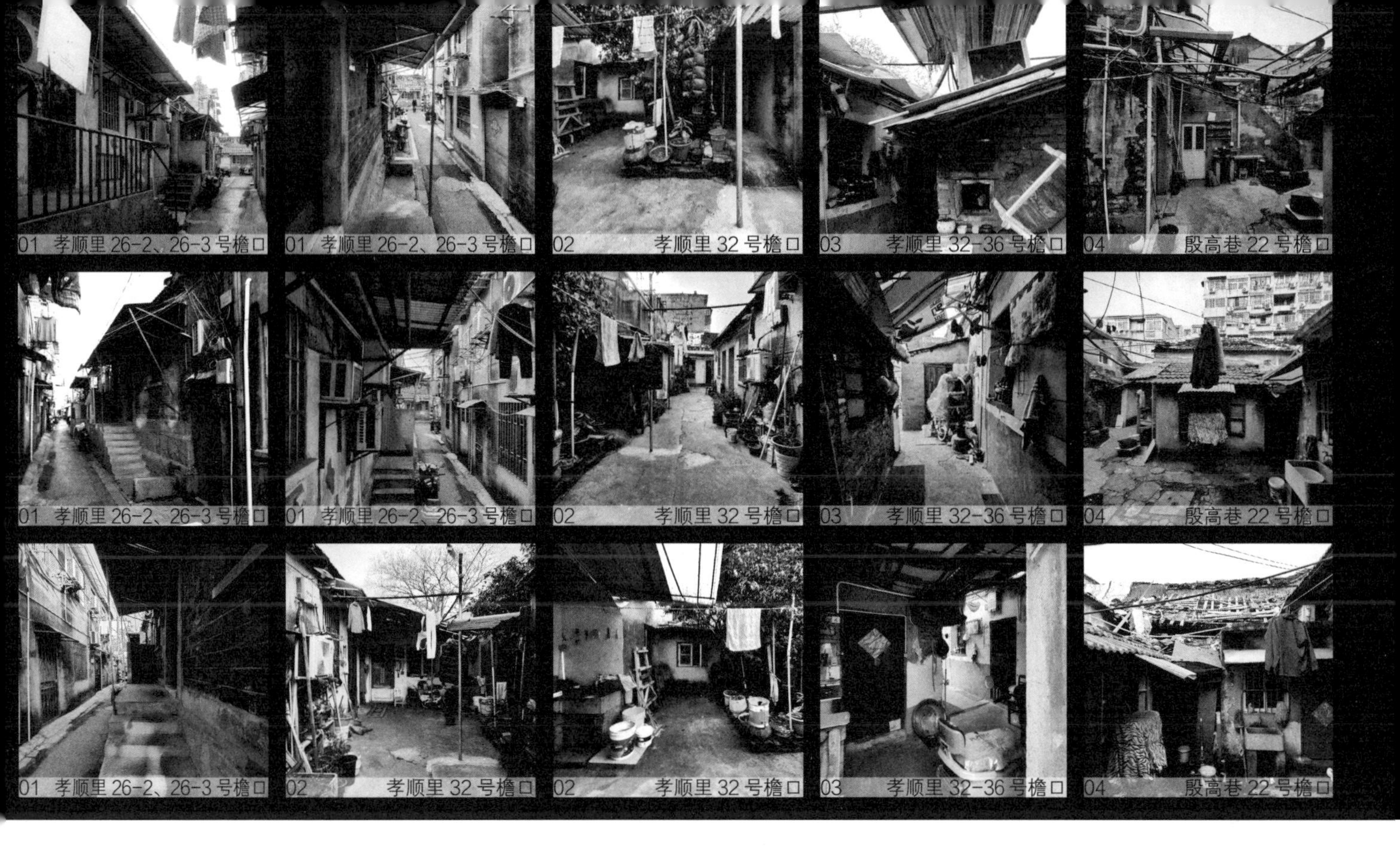
01 孝顺里 26-2、26-3 号檐口
01 孝顺里 26-2、26-3 号檐口
02 孝顺里 32 号檐口
03 孝顺里 32-36 号檐口
04 殷高巷 22 号檐口
01 孝顺里 26-2、26-3 号檐口
01 孝顺里 26-2、26-3 号檐口
02 孝顺里 32 号檐口
03 孝顺里 32-36 号檐口
04 殷高巷 22 号檐口
01 孝顺里 26-2、26-3 号檐口
02 孝顺里 32 号檐口
02 孝顺里 32 号檐口
03 孝顺里 32-36 号檐口
04 殷高巷 22 号檐口

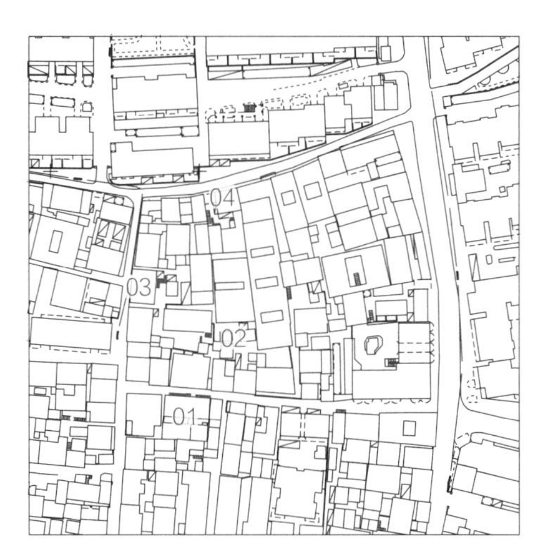
04
03
02
01

01 殷高巷 12 号檐口 1
04 磨盘街 13 号檐口 1
07 磨盘街 7 号檐口 2
10 磨盘街 5 号檐口
13 殷高巷 12 号檐口 4
02 殷高巷 12 号檐口 2
05 磨盘街 13 号檐口 2
08 磨盘街 6-1 号檐口 1
11 饮马巷 120 号檐口 1
14 饮马巷 102 号檐口
03 殷高巷 12 号檐口 3
06 磨盘街 7 号檐口 1
09 磨盘街 6-1 号檐口 2
12 饮马巷 120 号檐口 2
15 饮马巷 120 号对面檐口

04
05
06
13
10
07
08
09
12
11
14
15
03
02
01

01 近五福里 17 号檐口
02 近孝顺里 6 号檐口 1
02 近孝顺里 6 号檐口 1
04 谢公祠某檐口
07 孝顺里某檐口
01 近五福里 17 号檐口
02 近孝顺里 6 号檐口 1
03 谢公祠 22 号檐口
05 近孝顺里 6 号檐口 2
08 孝顺里 2 号旁门檐口
01 近五福里 17 号檐口
02 近孝顺里 6 号檐口 1
04 谢公祠某檐口
06 近孝顺里 6 号檐口 3
09 孝顺里 8 号檐口

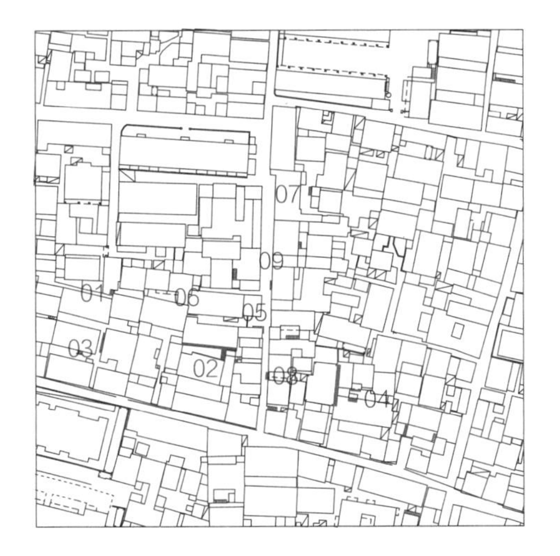
07
09
01
06
05
03
02
08
04

01 高岗里17、19号后门檐口
04 高岗里17号檐口1
06 高岗里18号檐口
07 高岗里10号檐口
08 高岗里16号檐口
02 高岗里某檐口1
05 高岗里17号檐口2
06 高岗里18号檐口
08 高岗里16号檐口
09 高岗里某檐口3
03 高岗里某檐口2
05 高岗里17号檐口2
06 高岗里18号檐口
08 高岗里16号檐口
10 高岗里某檐口4

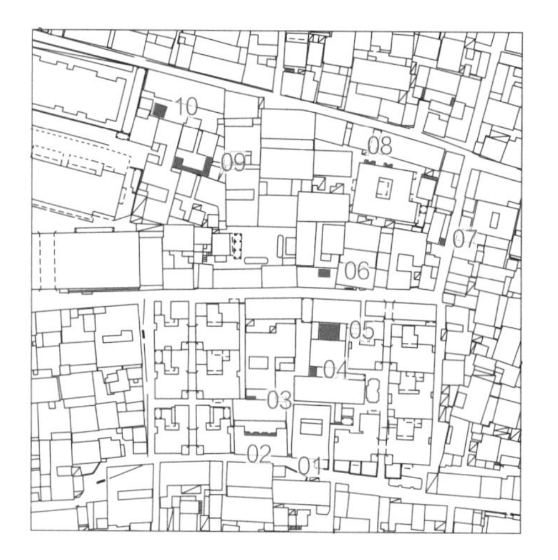
10
09
08
07
06
05
04
03
02
01

01
金属雨棚 1
02
塑料屋檐 1
03
金属雨棚 2
04
谢公祠某入口檐口
05
金属雨棚 3
01
金属雨棚 1
02
塑料屋檐 1
03
金属雨棚 2
04
谢公祠某入口檐口
06
金属雨棚 4
01
金属雨棚 1
02
塑料屋檐 1
03
金属雨棚 2
04
谢公祠某入口檐口
06
金属雨棚 4

06
03

檐口 1 学智坊 10-6 号檐口

檐口 2 学智坊 10-9 号檐口

檐口 3 孝顺里 26-2、26-3 号檐口

檐口 4 孝顺里 32 号院内檐口

檐口 5　近五福里 17 号檐口

檐口 6　近孝顺里 6 号檐口

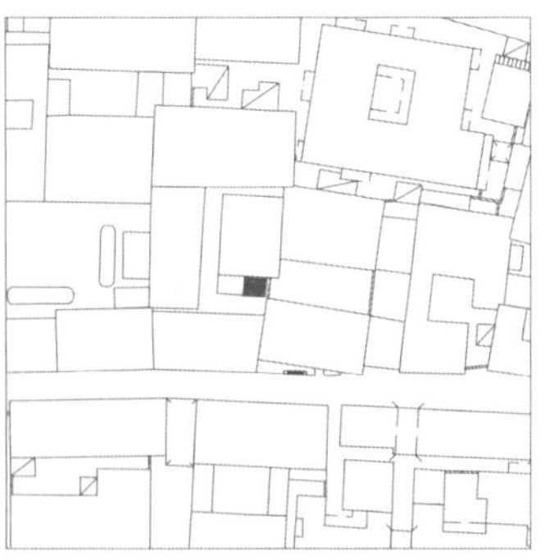

檐口 7 高岗里 18 号檐口

檐口 8 高岗里 16 号檐口

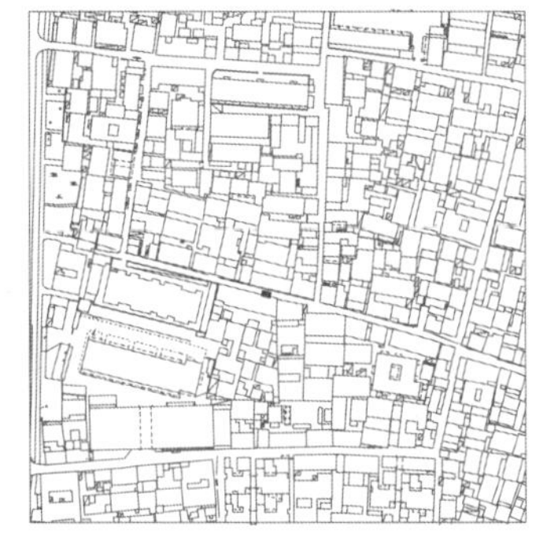

檐口 9 谢公祠某入口檐口

檐口 10 金属雨棚 1

01

02

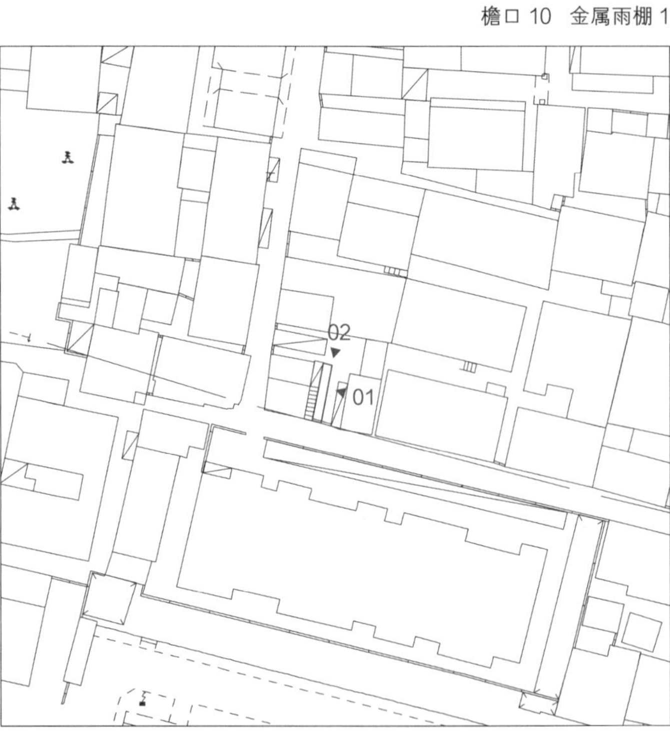

檐口 11　金属雨棚 3

◀01

02

檐口 12　鸣羊里 8 号檐口

感　知

街巷　院落　楼梯　门　檐口

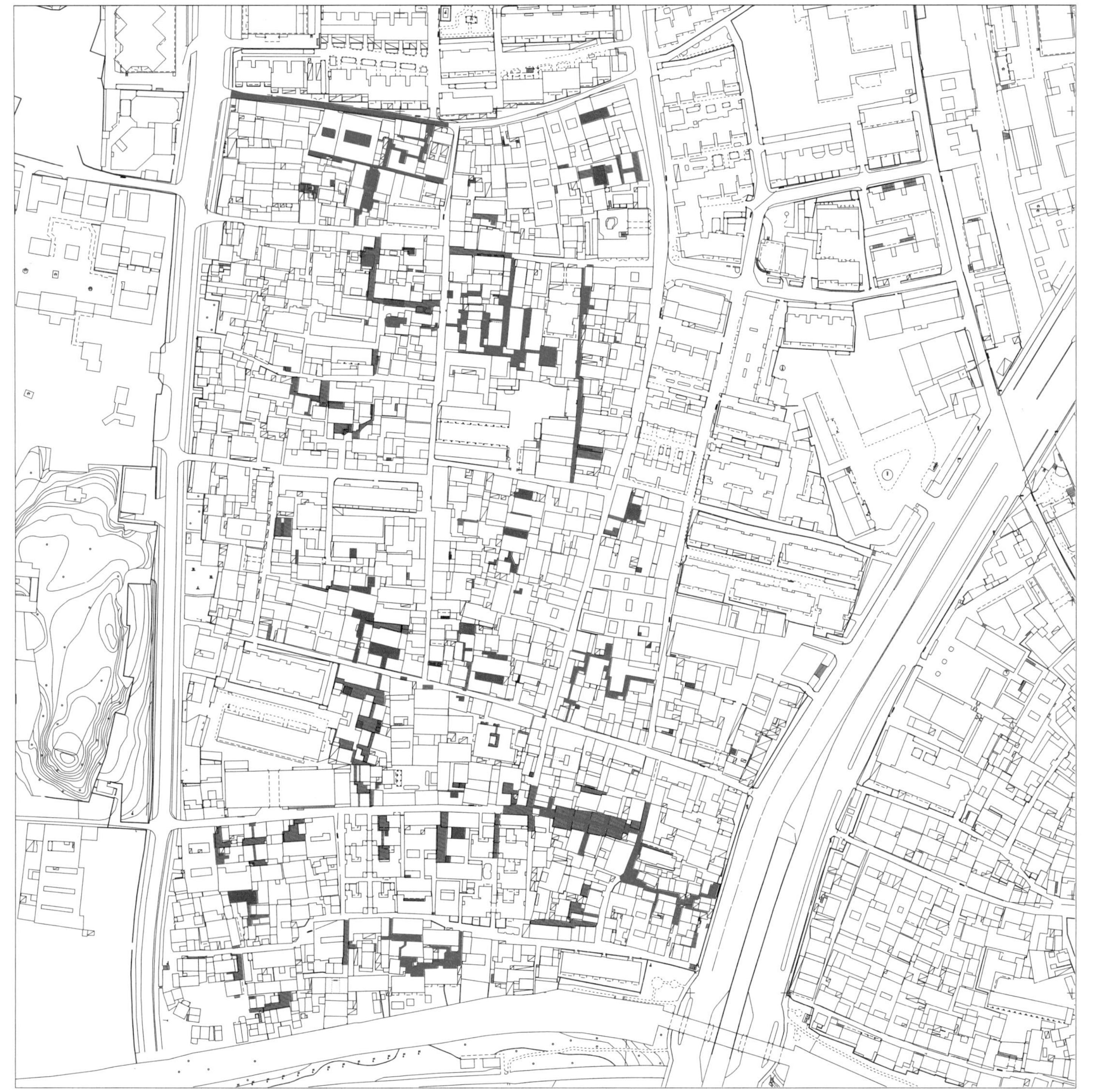

街巷

门西街巷各时期不同场所中的独立空间片段，在历史的叠加中交织到一起。每个片段保留有各自的特性，传统的合院格局、多材质门头雕刻、残留的木结构屋架、带涂抹痕迹的水泥墙，以及青石板与砖墙等，在空间的感知中，以一种新的互动关系形成整体。“值得记忆的街道”“边角料空间”“简单房子－复杂城市”等，以街巷为骨架，相互串联。可进一步被重新察觉的可以通行的窄口，仿佛有光的转角，折叠空间的穿洞……

感知街巷，尝试超越某种“确定性”，进而在阐释某种临时性的基础上，呈现生活逻辑的“体验性”。步行在门西街巷中，体味声音、气味、光线的空间塑造，走进凹口、檐下、通道中，感受光影交错中几经转折、嘈杂幽静变化的另一种生活秩序。看到的，是在街巷中盥洗、烧菜、晾晒、行车中的生活；充满好奇的，是脚下未知的路径与出口。

街道1　殷高巷14-4号内巷

殷高巷 14-4 号内巷是一条内街，由三组内院、三组通道空间通过东西方向上的错动推拉，由南至北拼接成为街道连续的形态。观者身体所处的这一组空间与下一组空间之间通过一个门洞进行横向的分割，作为街道的被压扁的节点，每一组门洞都构成了一个能够共同感知当下场景与下一组场景的当口。而在这条内街中，突然转折向上的、瞬间变暗的楼梯空间，与层层向内隐去、逐层变暗的进院空间被共同放置在视野中。

楼梯空间将深处的空间折叠压平成为一个复杂而浅的空间，同时进院空间则用错动向内的方式构成了简单而深邃的空间。两种空间通过街道的切面——门洞，将平面与剖面有机地整合到一起，带来一种并置的深浅空间的感知。

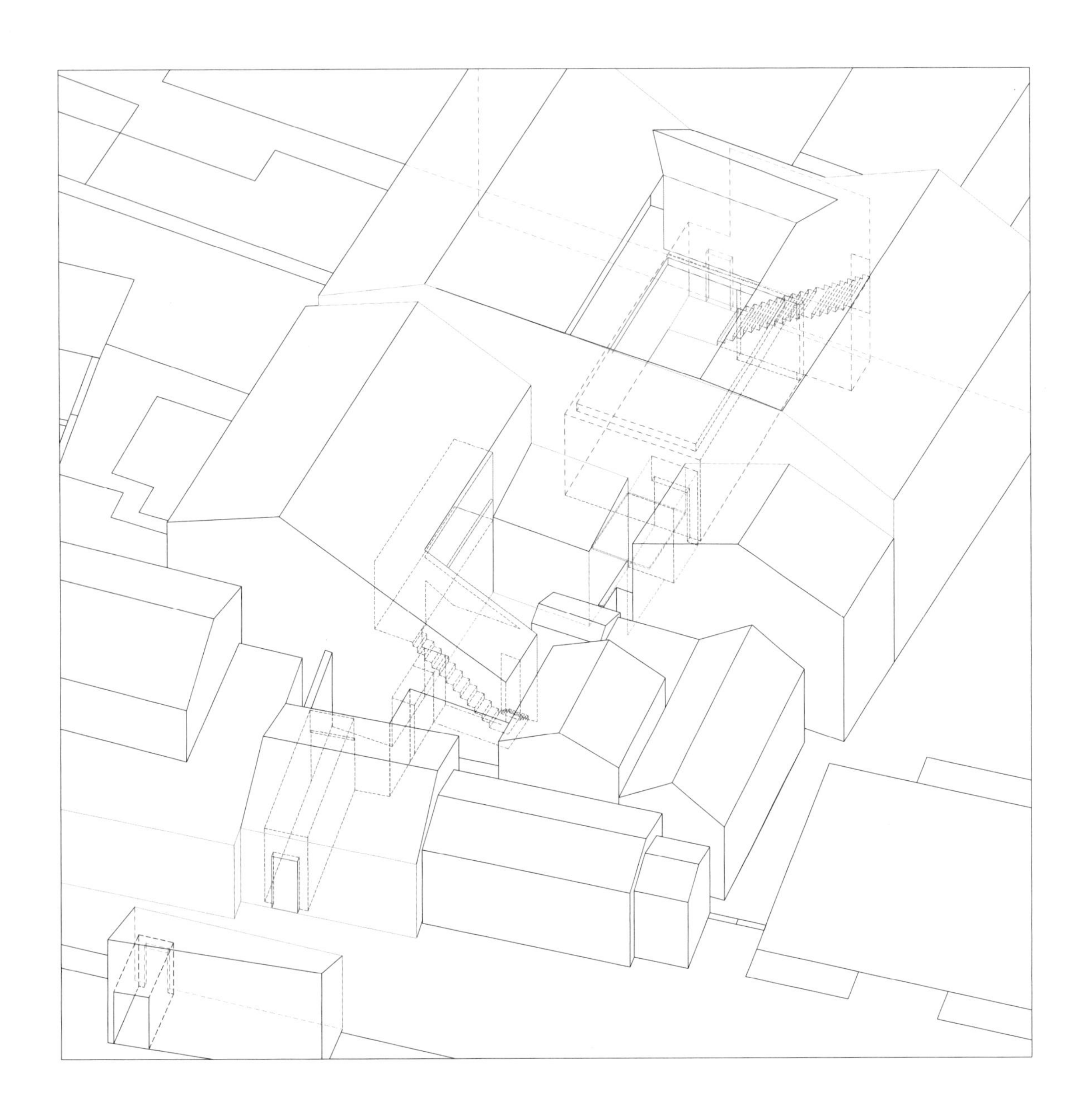

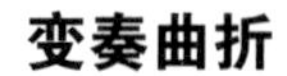

变奏曲折

街道2 水斋庵三五巷—荷花塘

水庵斋三五巷北口约有4米宽，走进巷子口后发现向南的通道似乎被阻断了。昏暗的通道后方的光线引人前行，在一层坡屋顶前一转再转，顺着圆弧形的墙面三转，几步之间又回到了南北向的巷道上，巷道右侧较为平整的界面与左侧凹凸、有诸多构筑杂物的界面形成对比。接着向前走可见又一层坡屋顶，但光线的对比并没有此前强烈，不由让人怀疑前方是否可以通行。又闻犬吠，猜测可以通过。走近之后才可看见一个极短的转角，在之后又是笔直的一条南北向的巷道，巷道的右侧依旧平直，左侧间次排列着进入小庭院的院门。两次转折的序列与转折后的场景十分相似，不禁令人有穿越之感，但第二条巷道更长，更为宽阔。直到走到尽头，发现已然来到另一条主街——荷花塘。

红色表示建筑限定出的小路空间，蓝色表示转角，是视线的遮挡与引导，绿色表示感知到的与巷道相关联的庭院。

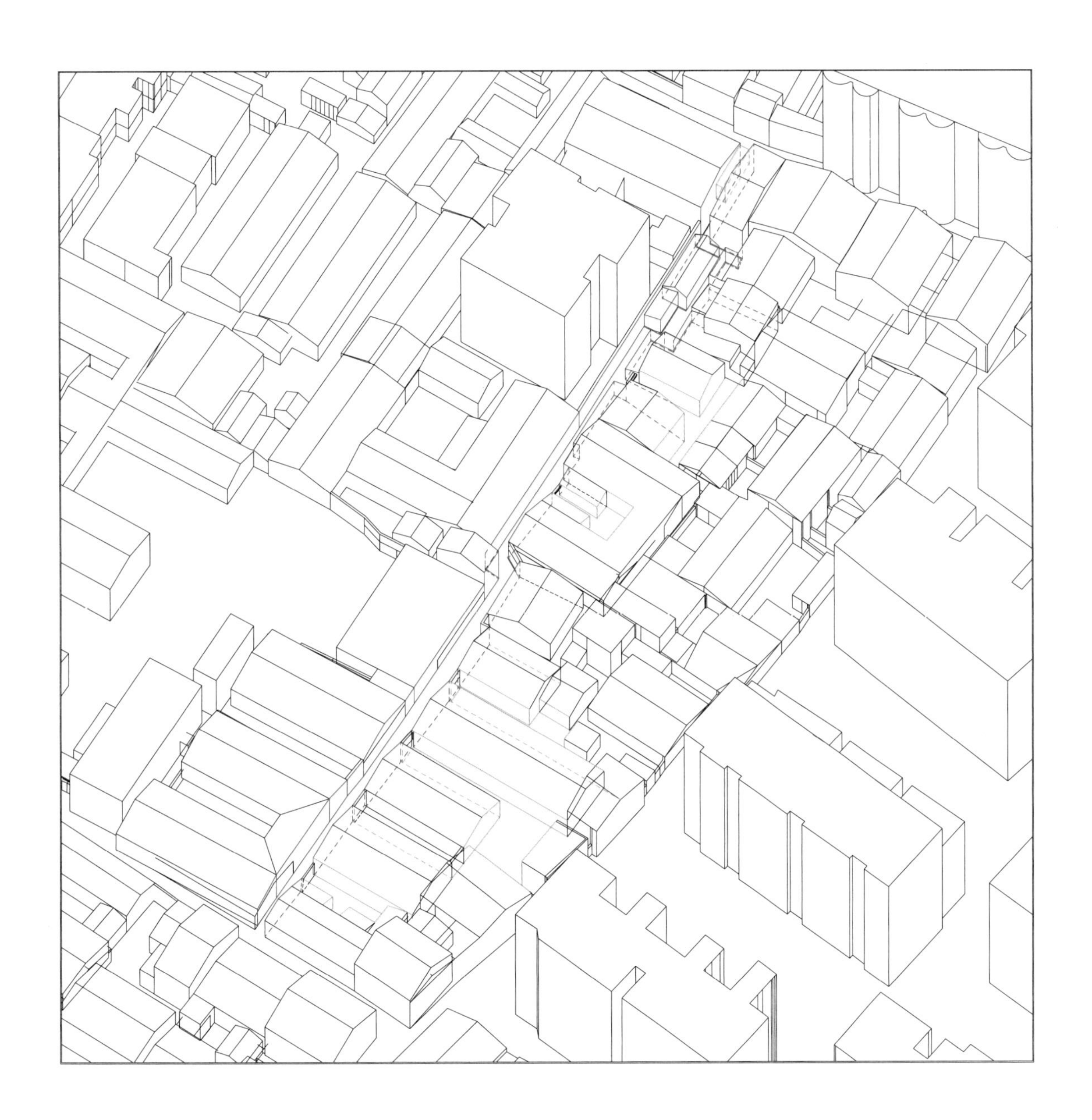

空间折叠

街道 3　磨盘街 3 号内卷

弯折的巷道将空间折叠隐藏，在相同的面积中容纳更长的界面，连通更多的空间，对外只展示浅显的假象；相应地，在巷道中穿行是一个展开与阅读的过程。在这一案例中，空间折叠表现为两种方式。

一种折叠方式是转折。巷道左右两侧界面的延伸将视觉焦点集中在转角处，转角呈现的是一个完整界面的片段，特定时刻的光线、被遮挡物切割的门窗和山墙、铺地纹理的方向转换，暗示着面前的实墙并非路径的终点，并预告了下一段空间。当体验者来到一个转角，又将面对下一个转角的预告，转折点揭示了空间折叠的形成过程，节点的相互串联形成完整的内巷主干。

另一种折叠方式是褶皱。平直的巷道界面在某处内凹形成结节，这些面向巷道、三面围合的小院形似平整布料上的褶皱。巷道上的时间感受是流动的，褶皱隐藏在街道中，是被忽视的掠影；褶皱中的时间感受则是凝固的，巷道成了被褶皱观看的戏剧。

雅迪DE3

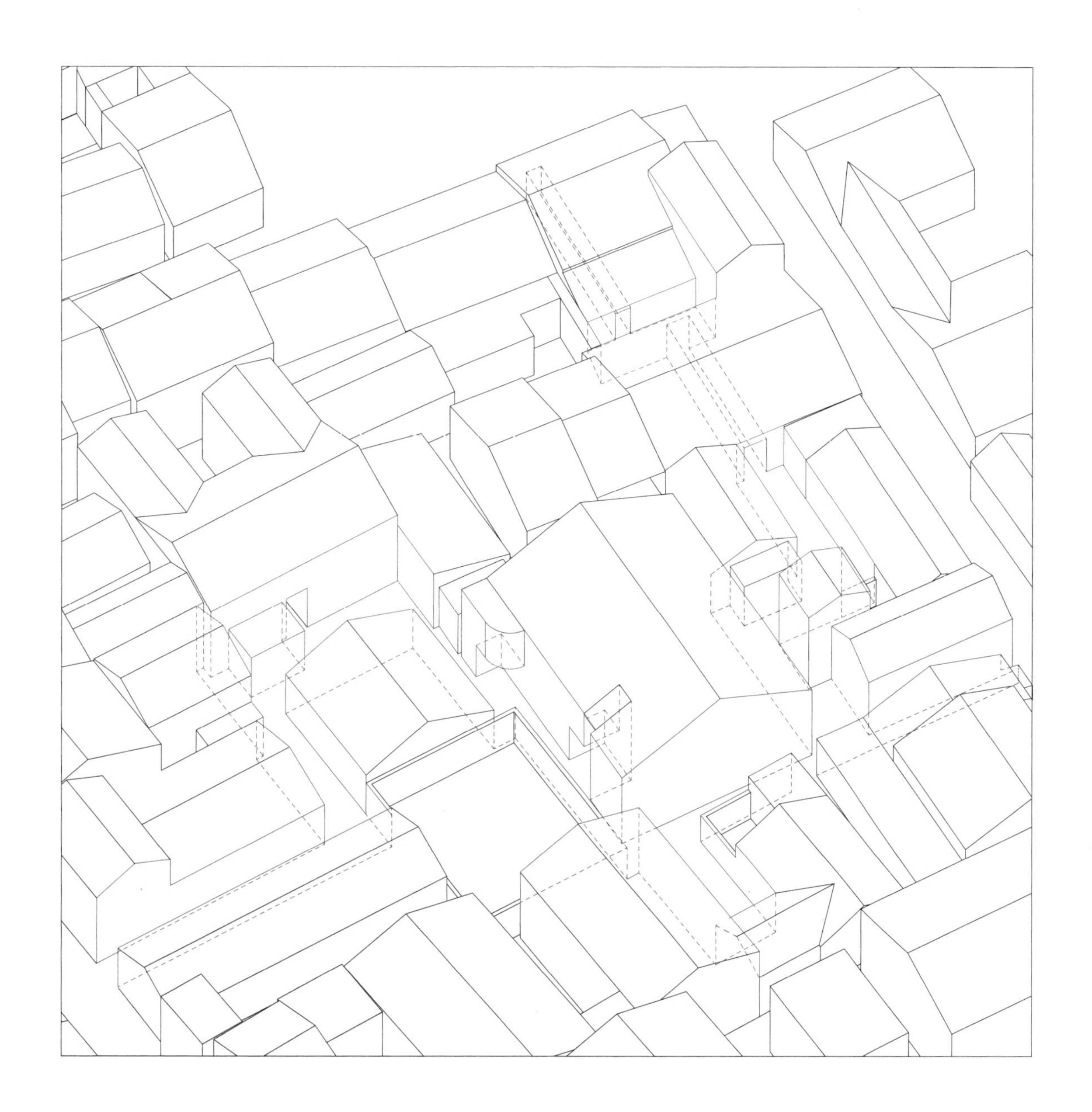

收放开合

街道 4　谢公祠—高岗里内巷

不起眼的门洞两侧墙壁相夹形成了强烈的进深感，吸引着人们向内走去，却也是一个巷道序列的开始。

室内室外的通道通过院落连接起来成为整条巷道。巷道从一开始狭窄的室内通道，到开敞的院落，再到狭窄的室外通道，开开合合。巷道向前延伸，院落变得越来越狭小。

室内室外忽明忽暗。伴随着院落从宽阔到狭小，巷道从笔直到转折，其不再是传统意义上笔直、一眼望到头的清晰，而是在每一个看似结束的尽头却成为新的起点，带给人们变化甚或让人惊奇的空间体验。

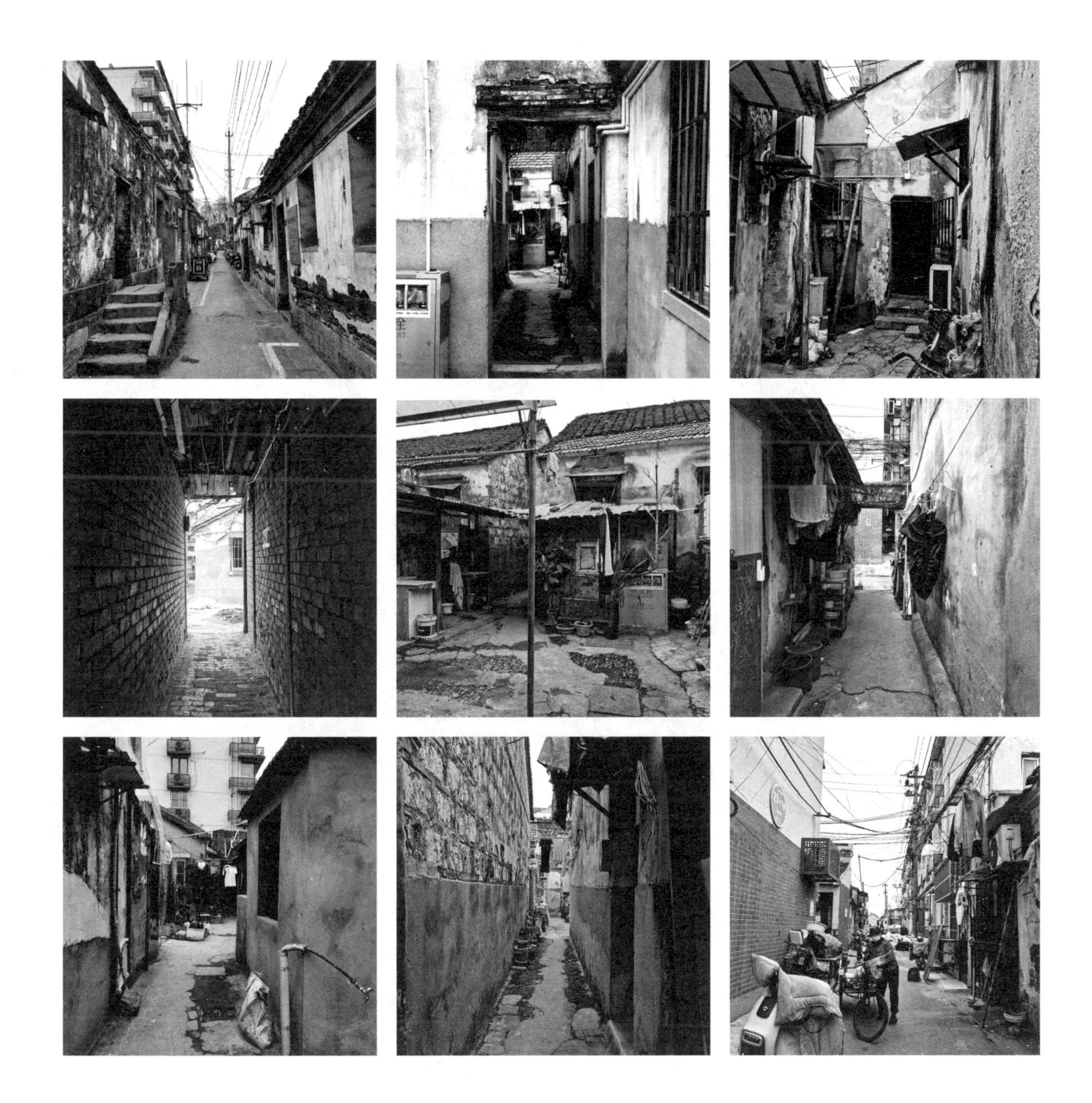

穿堂内巷

街道 5　同乡共井 11 号内巷

沿街“堂空间”虽面朝主要街道开敞，但逐级穿堂而进、越发幽深静谧的空间感受暗示出私人领域的归属感。从第一进院落的洞口中，能看出微微错杂但贯通的巷道将堂空间串联起来，形成明暗交织的空间序列。

在整个穿行过程中，贯穿了五个不同开放层级的堂空间，其不同属性是由业主与租户的居住状态共同形成的，因此也给穿行行为赋予了多重体验与感受。不同的空间属性划定了不同人群居住的场所，也暗示了人群的使用方式与行为模式。

开敞的堂间与院落结合，串联数户人家，院落作为公共领域，成为当地租户进行社交的场所。紧凑的房屋布局催生了很多不为外人所知的穿堂内巷。由堂空间连接而成的内巷，以个别通向主要街道的出入口，连接了街坊内大量的住宅。这种内巷虽是连通开放的，但在形式上穿越了私人住宅，产生了十分强烈的领地性。

禁止停
消火栓

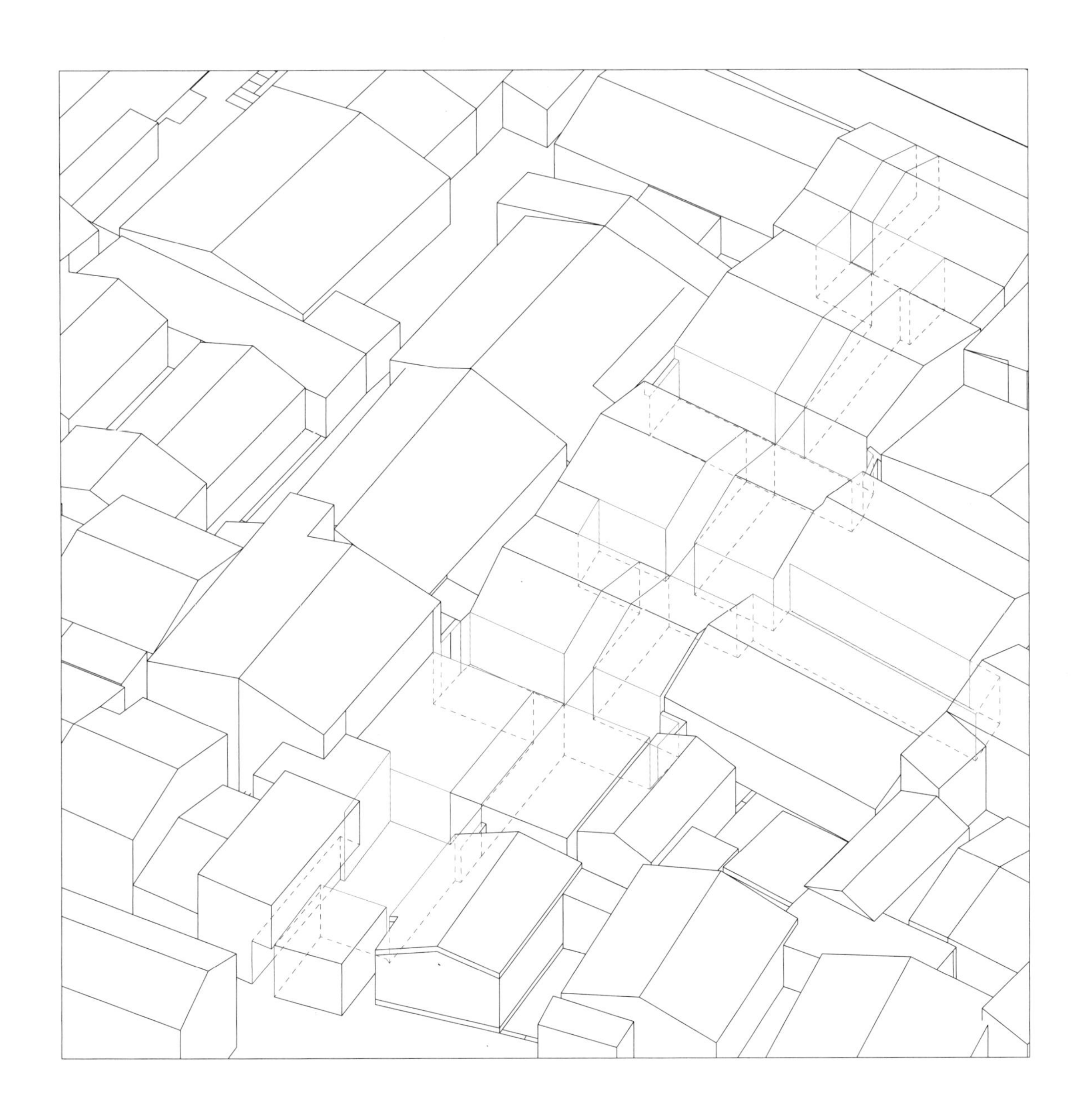

院落

院落与街巷、房间等空间紧密关联，因此对院落的观察体验与感知，无法局限于单一的静态环境，必须在运动中展开。图像记录呈现为一种动态的序列，以图像记录院落的体验方式，与街巷的体验具有一定的类似性，它将公共性引入院落，使院落体现出一种特殊的街巷属性。其差异在于：对街巷属性的分析更关注不同院落之间的连接，即空间的转换；而对院落的分析倾向将空间围合从序列中抽离，进而分别描述不同围合的特征变化，关注空间本身。

作为线性序列中空间扩展的节点，院落仍然是一个可以停留的空间。由于空间围合带来的庇护感受，院落常常成为家庭起居空间的延伸，具有强烈的日常生活属性，既为个体提供了独处时刻，也为邻里社交提供了场所。其间，居民增长的空间需求通过构筑物的形式侵占院落空间，具有将院落挤压为穿行过道的倾向。穿越和驻留两种属性同时存在，形成院落中隐含的冲突，冲蚀了公共和私密的界限。面对维护院落私密性的需求，即通过院落组合的叠加、路径的转折和延长来形成阻挡穿行的暗示，这种阻挡的意图恰好形成了丰富变化的空间序列。随着空间朝向的变化，穿越空间的尺度和比例，光线的方向和明暗也随之变化，这些因素增加了院落空间体验的深度。

片段秩序

院落 1　刘芝田故居院落

穿过一个颇为气派的门头，来到四水归堂的传统合院。院落四周被二层木结构的房子围合，衣服也晾晒在院落周围，传统的院落中又掺杂着生活的气息。合院内部的铁栅栏划分了前后院的空间，穿过它还要经过玻璃雨棚覆盖下的走道空间，这个空间在不同材质的顶界面的包裹下呈现一层朦胧的色调。然后来到第二进由多个高低错落的房子围合而成的“U”字形生活院落，传统的秩序感消失，取而代之的是杂乱的生活琐碎感。在第二进院落的尽头是一道低矮又具有厚度感的光线灰暗的门洞，这道楼梯下的门洞连接着后院，实际上这个后院也是从另外一条街道穿过狭长的巷道空间进入的前院空间。

空间序列受到不断收放的院落与通道形态大小以及与院落交接的门洞高度大小、深度、宽窄等的影响，行进过程中的光线也在不断变化。

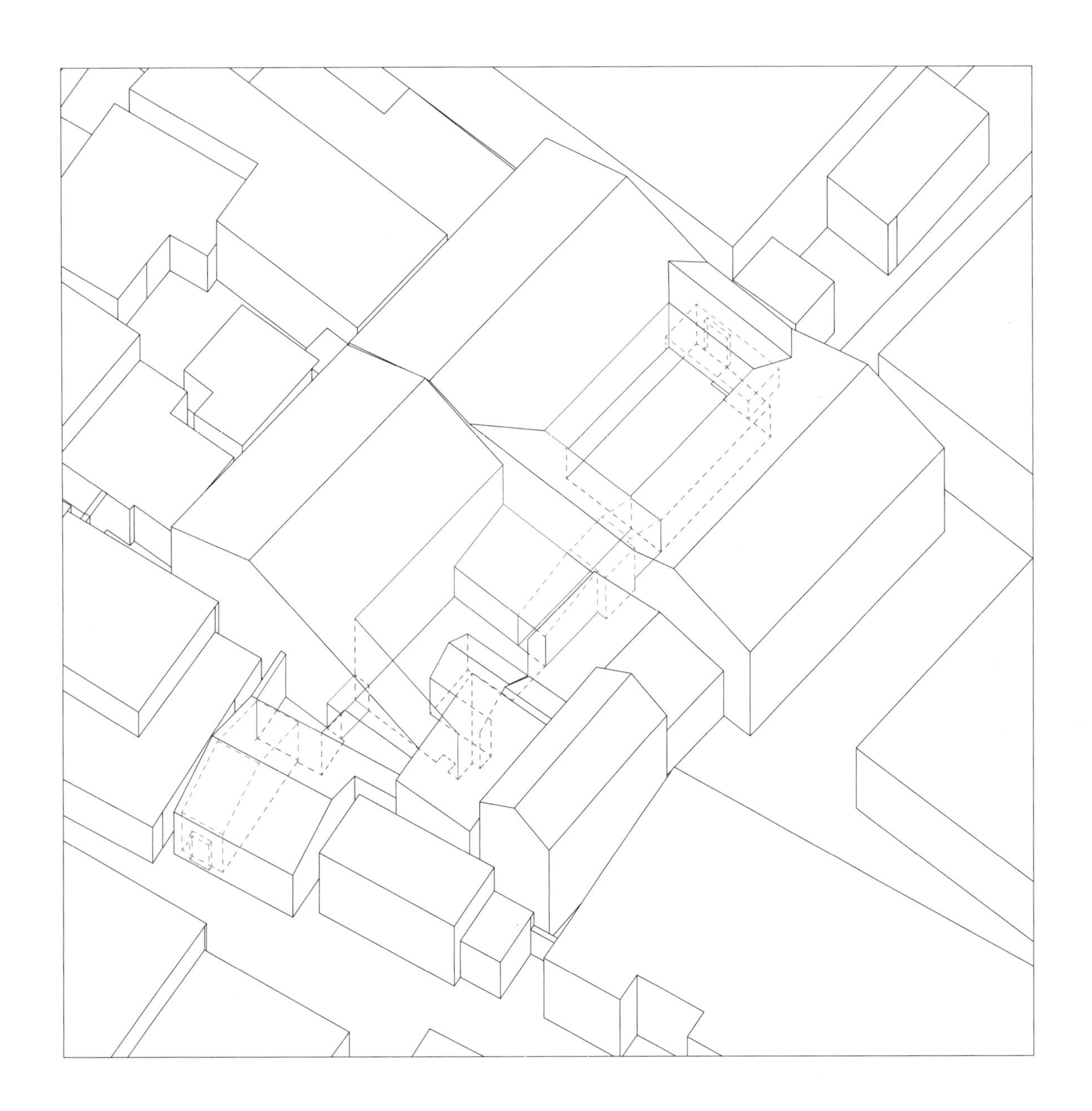

院落 2　鸣羊里 5-3 号院落

四座小院落彼此紧挨着拼合在一起，相互之间主要通过围墙分隔。一层的院落置入靠墙的“L”形楼梯。在西北侧与东南侧的院落中，踏板式“一”字形楼梯的存在感较弱，其边缘对院落形成较为轻微的限定。东北侧用围墙分隔的院落则占据了院落中较大的体量。西南侧二层院落主要通过较细的围栏进行空间的围合。

不同的围合使院落在不同维度上进行延伸、碰撞、拼合、搭接，站在不同高度和位置的观察点可以感受到不同院落交会处暧昧的空间关系。

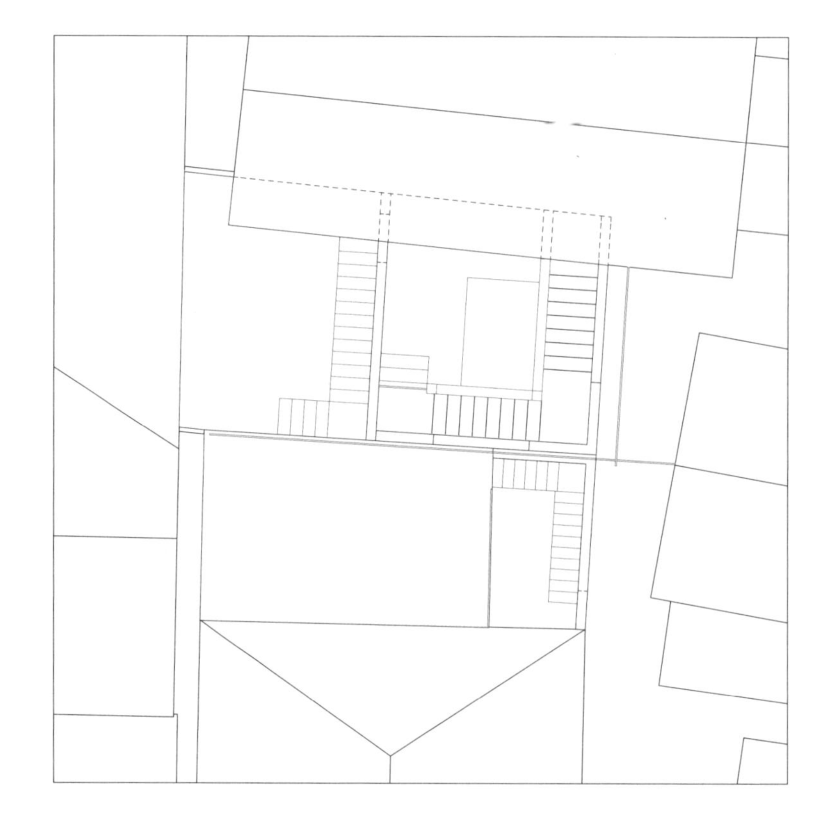

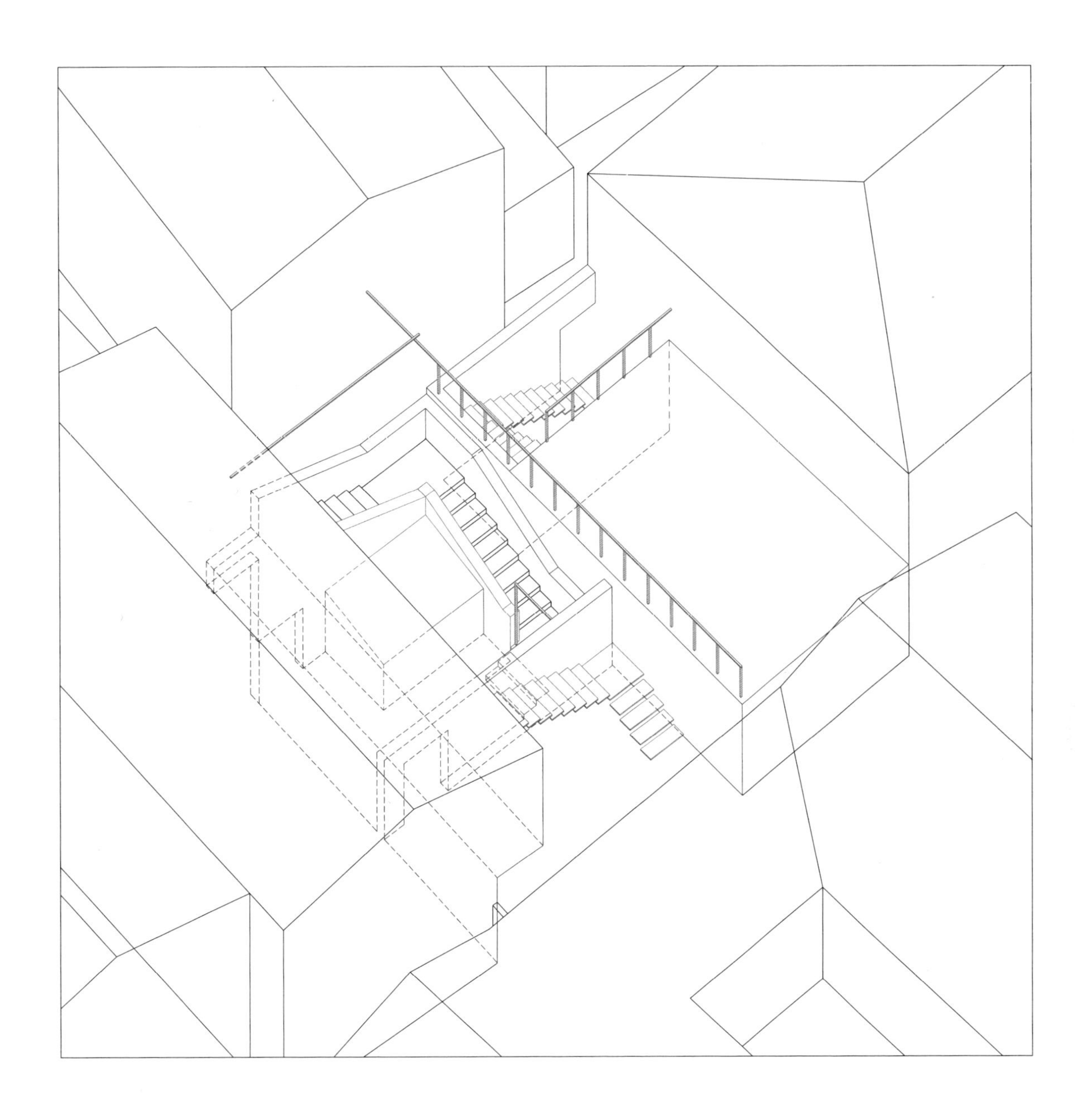

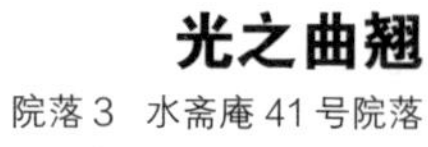

光之曲翘

院落3　水斋庵41号院落

水斋庵41号院落由一座院落和一方天井以平行的状态构成，房间的通廊连接二者形成一个整体。随着人向通廊深处前进，院落空间的开阔感知逐渐向天井形成的挤压感过渡，但通廊中的楼梯引导人向二层行走。在整个过程中，身体在空间中的移动顺着空间的组织，从水平方向向纵深方向变化。院落因此产生一种“空间的曲翘”。

另外，光线的营造也导致了“曲翘感”。在水平的院落中，光线是均匀分布的，而在天井空间旁的二层平台，光线经过围合天井的高墙反弹，顺着屋檐进入二层内，这使得空间中的光线也给人一种曲翘的感受。

闸蟹

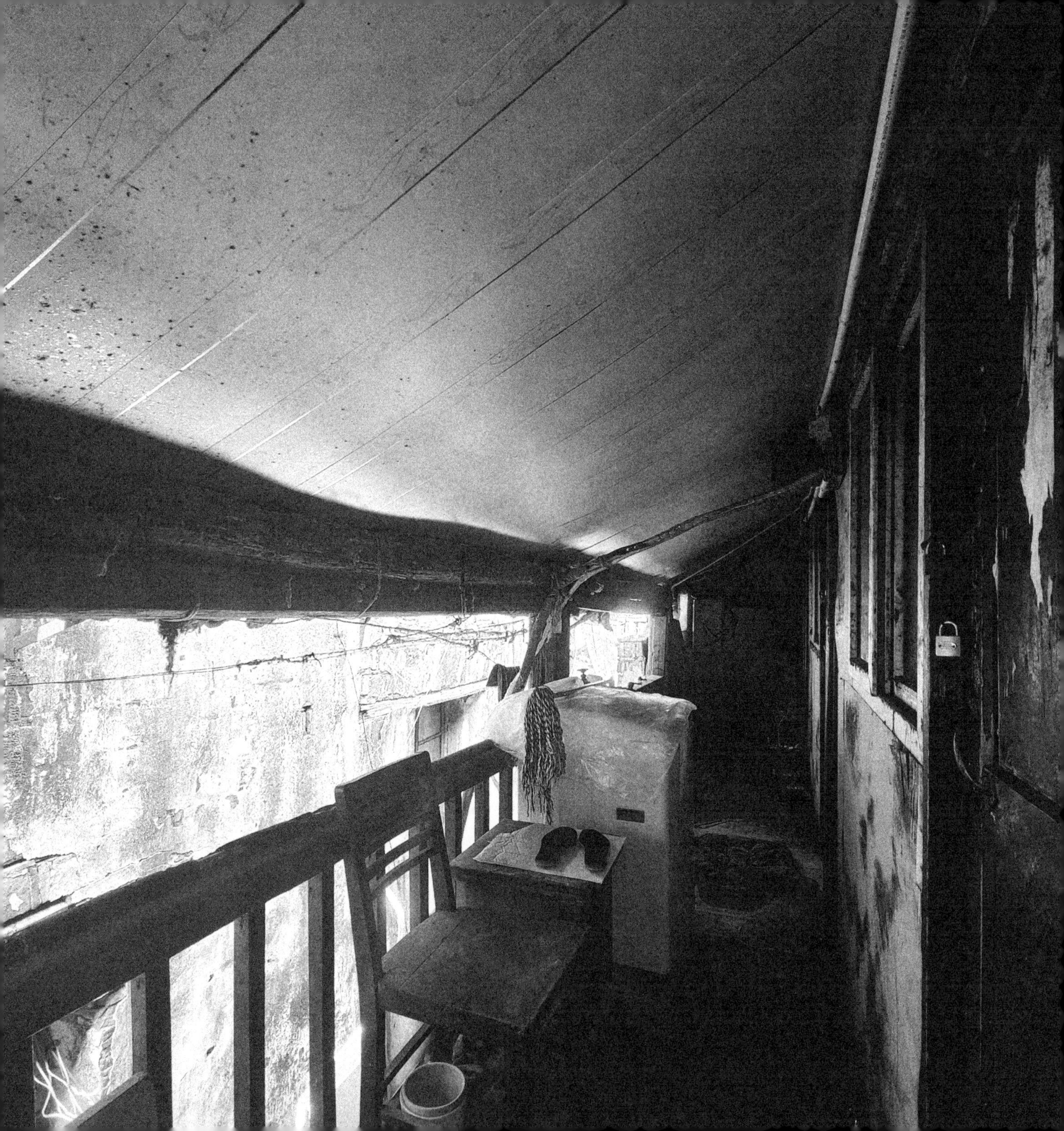

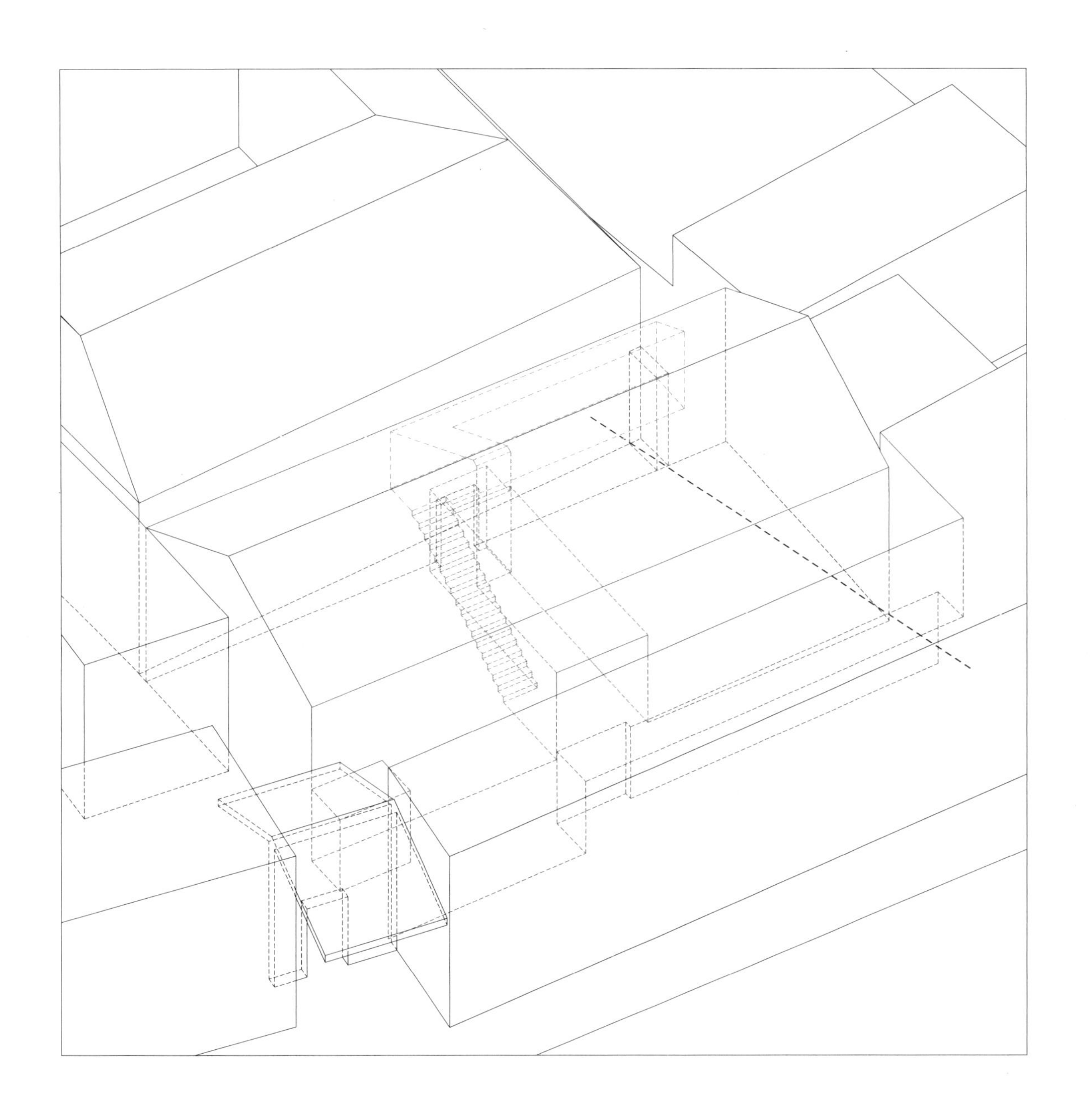

非对称

院落 4　荷花塘 5 号院落

荷花塘 5 号院落是清代传统民居，保留的传统门头和明显的一进房屋、一进院落增加了传统民居入口的识别性。第一进院落极为宽敞，地面铺装与两侧实体都加强了中心对称感。走进第二进堂屋，行进路线被堂屋中增加的一个内间打破，引向中轴线上的门洞。门洞后隐藏了一方极小的天井，稍有错动的门洞和强烈的光线对比暗示了这“一线天井”的存在。修整民居的脚手架穿过两道门洞，增加了天井中的对称感。第三进房屋的走道更是被内间“挤”到了一边，狭窄昏暗的走道后则是宽敞的第三进院落，两侧的加建物也对称布置。院落两侧的檐下灰空间使得第三进院落变得更加规整，但南门洞和走道的位置关系打破了绝对对称的感觉。走出门口再回首，南门已经隐匿在斜向的建筑遮挡中。

红线表示留出来的院落空间，蓝色表示建筑内部的灰空间走道，绿色表示门洞的位置关系。

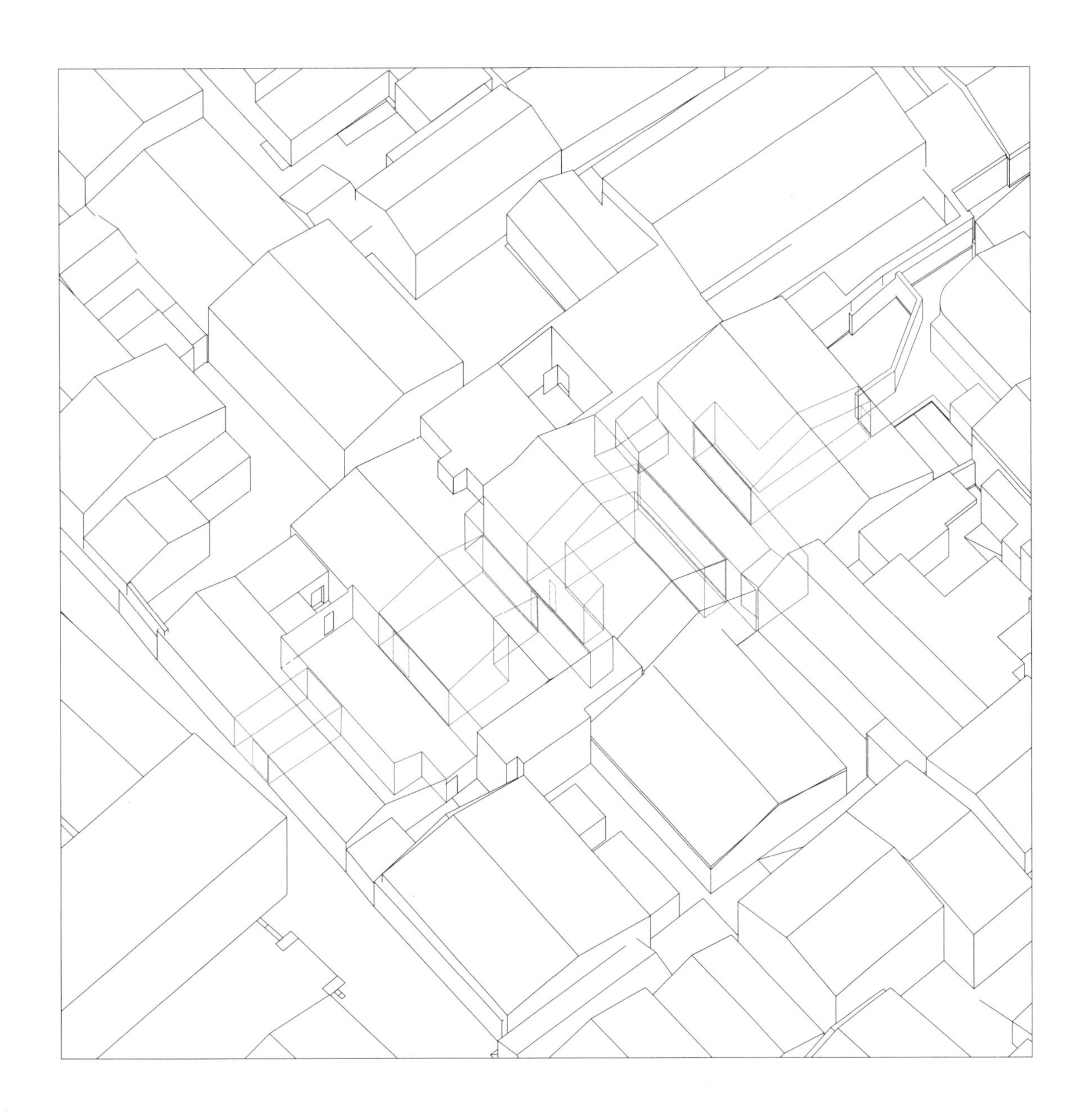

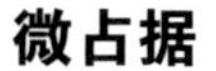

微占据

院落 5　谢公祠 20 号—高岗里 20 号院落

一条内巷路径将人从外部街道引向院落，也将院落切分。较小体量的加建物挤占了原本的院落空间，将院落向街道的形态压缩。然而，由于院落在边界开口并错位，为穿越自身的线性空间转折留下了余地。因此，屋檐成为另一种更灵活的空间占据手段，并为两个开口塑造了不同的形象。

北侧的开口对称并置了左右两片屋檐，不同的透光材质和支撑结构形成一虚一实、一轻一重的对比。进入院落前，人的视线被院落的封闭界面阻挡；进入院落后，经由屋檐明暗对比的提示，人可以自然地发现左前方被第三片屋檐遮盖的下一个开口，空间给予人更公共的印象。

从另一个方向的穿越给人带来不同的体验：屋檐下的桌椅杂物和正对的洗手池表明了院落的生活属性，这在前一段体验中被忽略了；只有走到空间转向私密的屋檐下方，人才能发现在支撑屋檐的细柱后的另一开口。

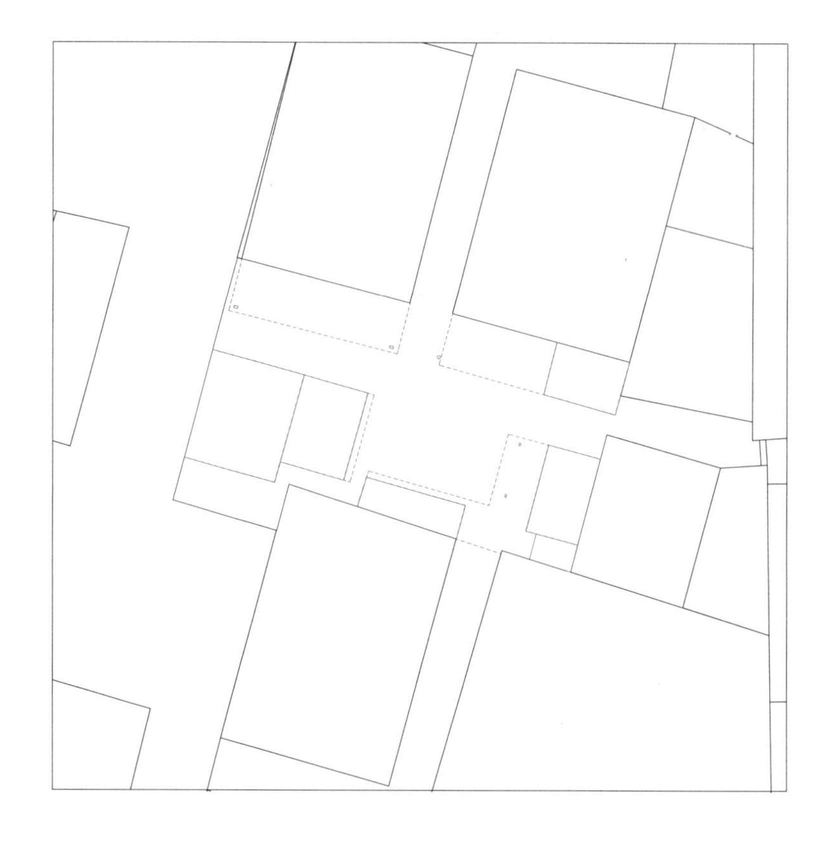

消火栓

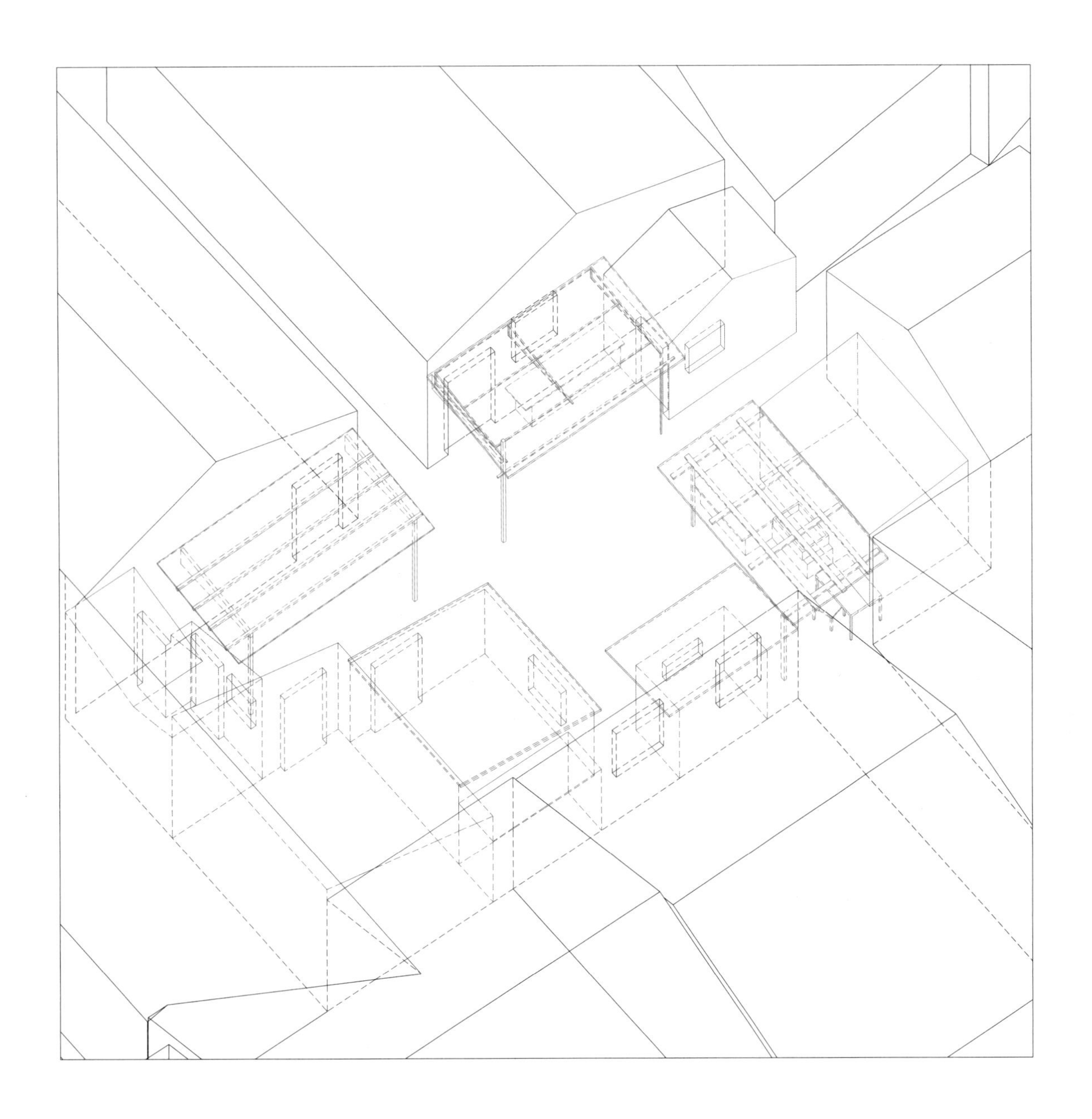

明暗的连续

院落6 同乡共井 11 号院落

连续的院落连接着两条巷道，面向巷道的两端都设置了出入口，院落的构筑物形成了一定的导向性。

往深处走，可以看到从相对的入口处透过的光亮，光成了空间的暗示，告诉行人此路可通，也将几个连续的院落串联起来。

横向的院落，隔着相似的距离，又具有相似的宽度，仿佛形成了某种空间的节奏。两端靠近巷道的院落则成了前奏与尾声，偶尔出现的长度延伸的院落，则是节奏中的重音。

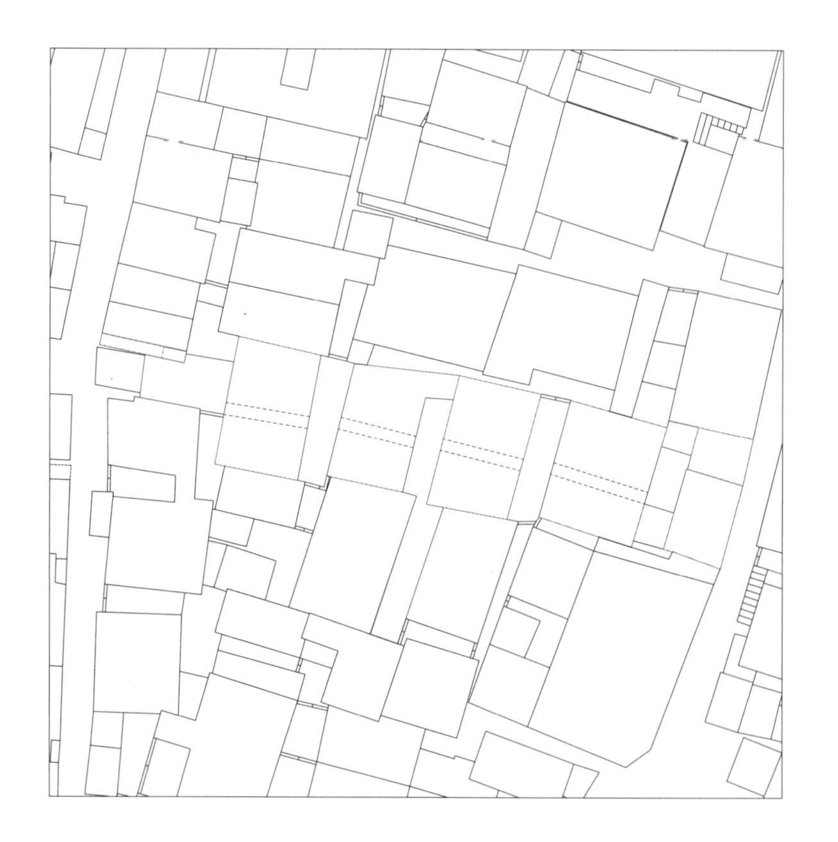

禁止停
火栓

AUX
C7

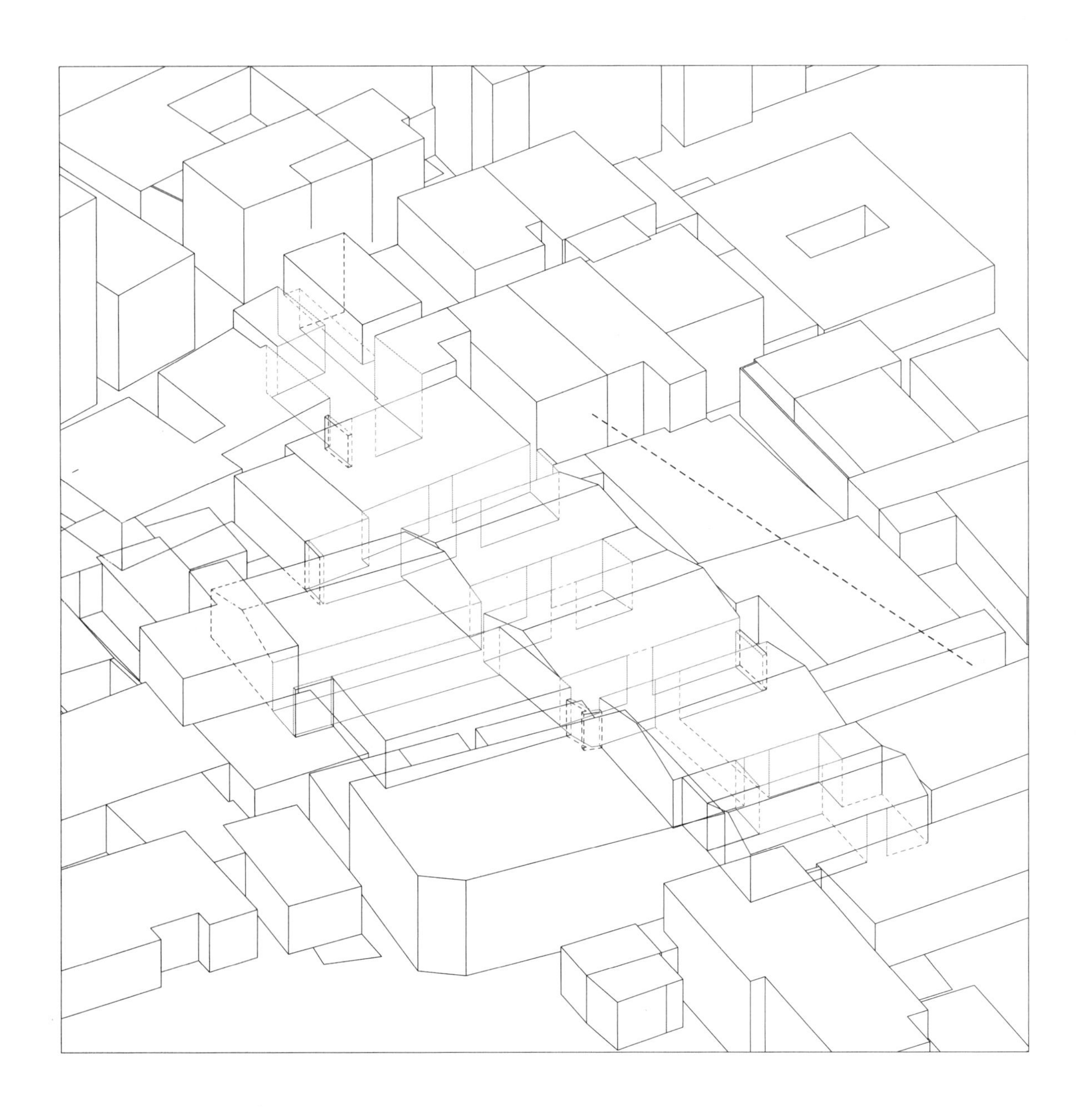

楼梯

楼梯是联系上下空间的普通而又常见的建筑组成要素。在门西街区不断接近楼梯和拾级而上的过程，可以让人感知到门西街区以楼梯为组织场景呈现戏剧性的重要特色。空间在这里交融及转换，阐述着不同的建筑空间和生活痕迹的相互影响。当人们从地面离开、到达入户空间或体验相反进程时，不同空间完成了过渡转换，让行走在楼梯上的人们体验到其他要素影响下的空间变化。在攀爬和转折的过程中，楼梯不仅完成建筑纵向的空间连接，而且从空间视觉上起到承上启下的过渡作用，进而给予人们由视点高度变化和视域转换带来的不可预知的感受。

我们将楼梯作为对象化的要素进行解析。看似简单而又具有向上或者向下的惯性的楼梯，联系了与其相连的空间元素，并进一步将它们渗透组合。从现象观察开始，通过感知而体验再现，其传递的是楼梯在空间系统感知下，以不同方式进行空间抽象与连接性关联多义的可能。这种差异化的连接，形成在具体与抽象之间进行嫁接的结果，由此重构“空间转折”“主导切分”“垂直溢出”“仪式限定”等的空间感知，并通过对同一空间元素的不断解析、叠加、转化，形成具有另一种差异化综合认知的日常要素与系统物。

楼梯 1　荷花塘 4 号民居“L”形楼梯

从街道穿过门洞，进入狭长的庭院中，一座楼梯从侧面通向了二层。顺着楼梯到达休息平台，二层的屋顶触手可及，面前的墙是街道的侧界面，也是平台的栏板，住户在这里可以观察街道的行人，也可以眺望远处的房屋与风景，转身又可以将整座院落一览无余。

这座夹在两栋房屋之间的楼梯与门洞的组合，将街道、院落、屋顶多个元素连接到了一起。

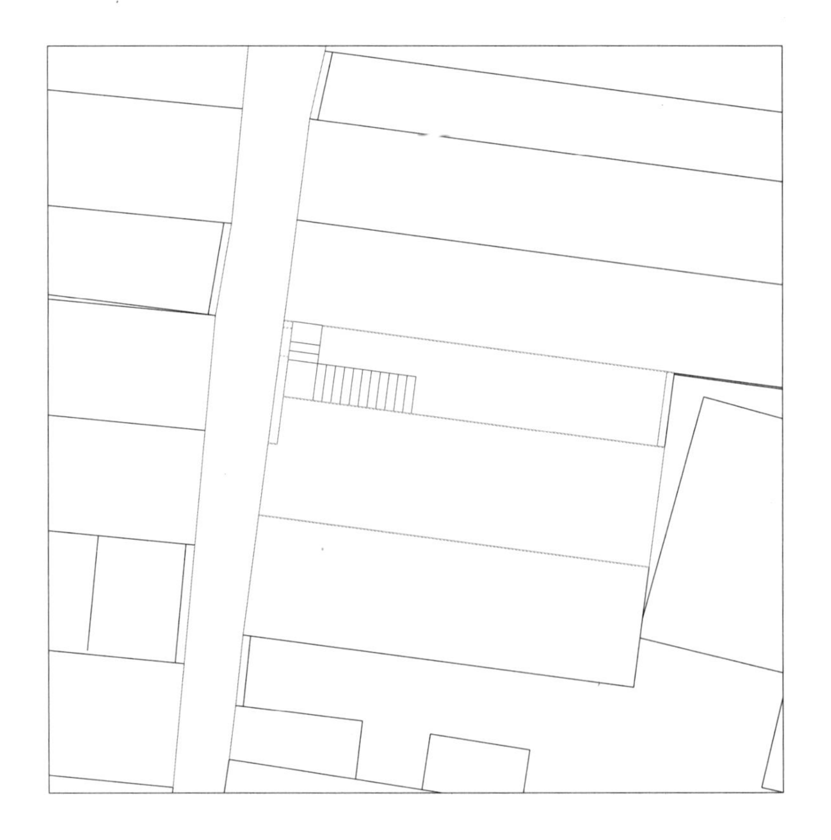

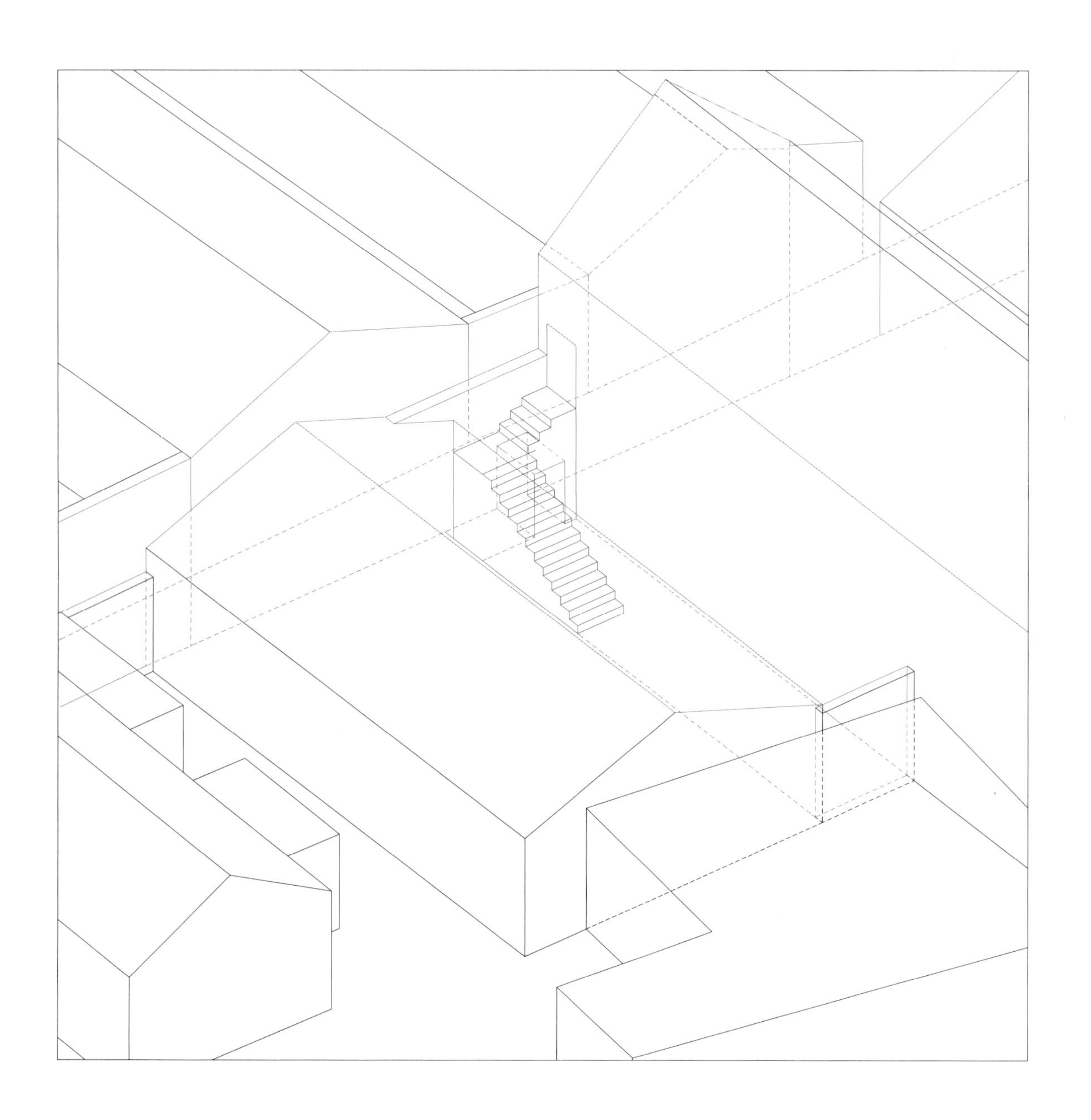

强弱秩序

楼梯 2　水斋庵 41 号楼梯

木结构的建筑里加建的水泥楼梯使得这座原本平常的合院具有了极强的秩序性。

无论是窗户、加建的彩钢房，还是简单搭建的棚子，都因为楼梯的存在而形成了某种对称。楼梯重塑了整座院落的空间秩序，拉晾衣线、晒衣服等人们自发的行为也变得对称了起来。

水泥的材质、实心的栏板与保留下来的木质结构形成了强烈的对比，进一步加强了楼梯的“统治性”。

优选10大
科技生态牧场

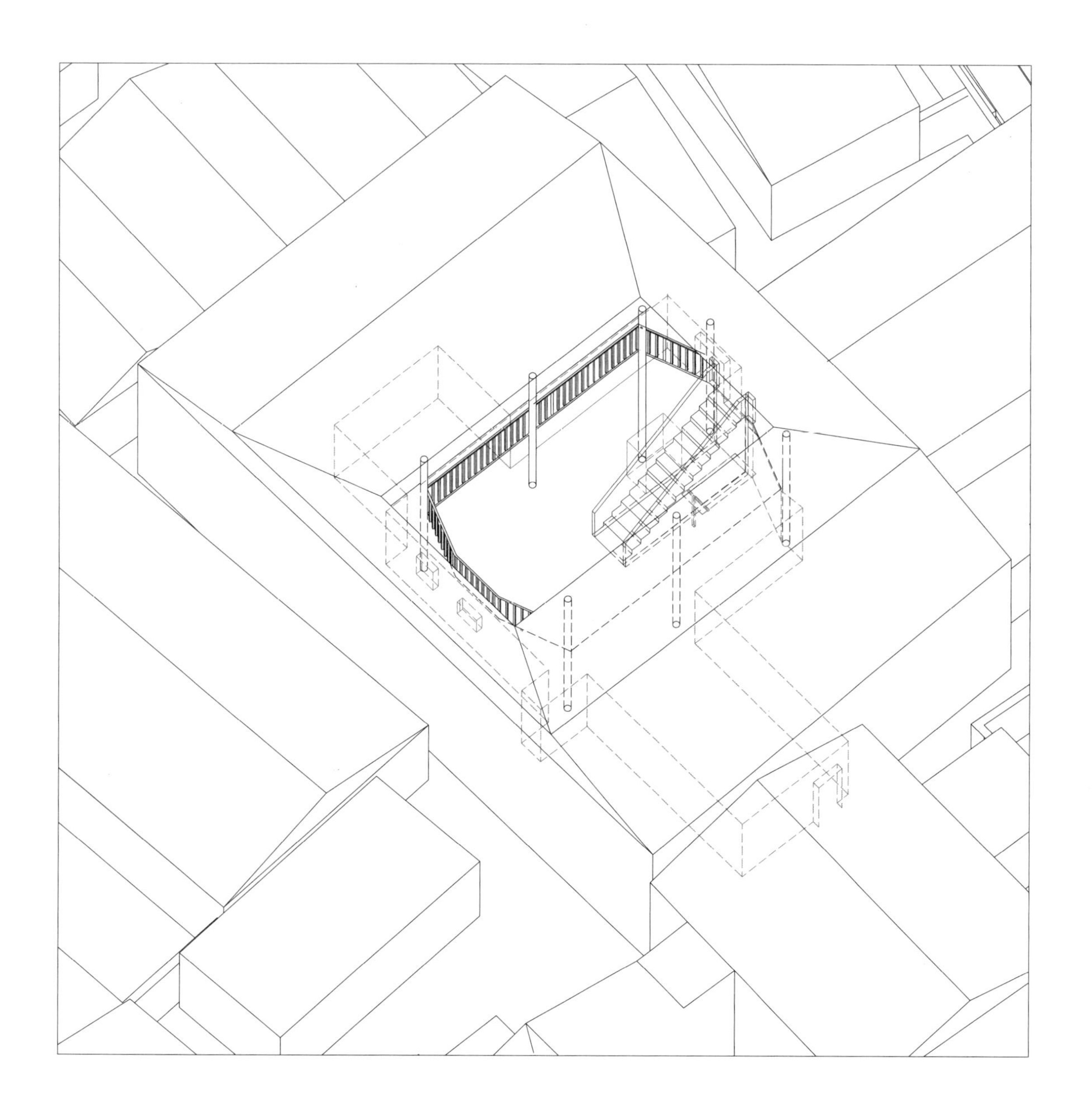

光路

楼梯 3　五福里 11 号楼梯

一栋建筑中部被直跑楼梯左右分隔，楼梯起始处与末端左右各连接两个房间，简单的直跑楼梯被最大化利用。同时，楼梯的两侧被墙体限定，形成二层通高且宽高比极其夸张的空间。屋顶处开了一扇与楼梯等宽的天窗，给具有仪式感的楼梯增加了光影的变化。

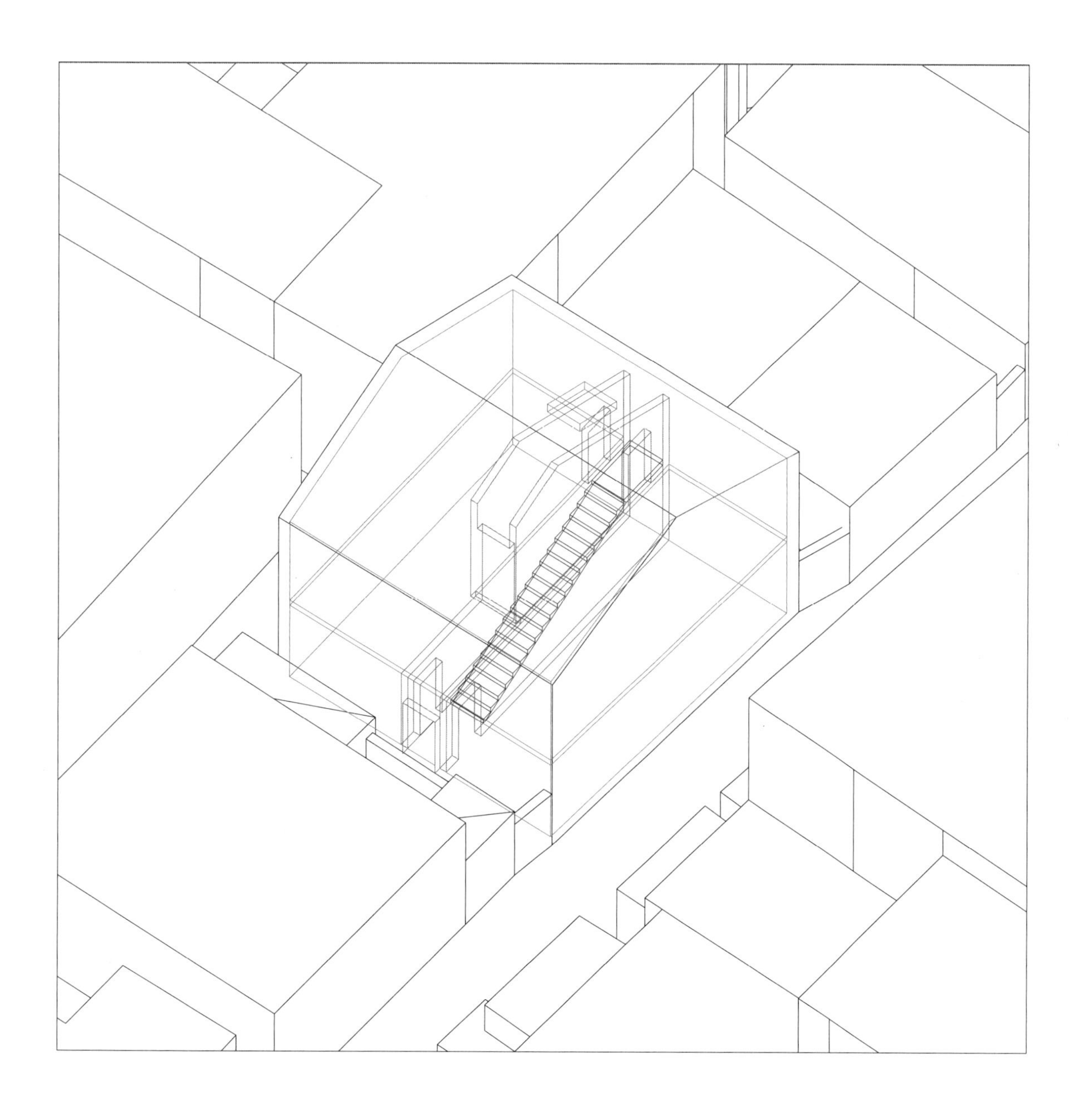

垂直溢出

楼梯 4　孝顺里 2 号楼梯

一座楼梯的“喘息”空间完全被一层和二层的建筑挤占了，露天的楼梯部分同时存在两个方向、相互垂直的梯段，呈勺子状挤满了整个“盒子”。楼梯一层的一端被加建的门框卡住，溢出四级直向阶梯，楼梯二层的另一端与等宽的住宅门相接。

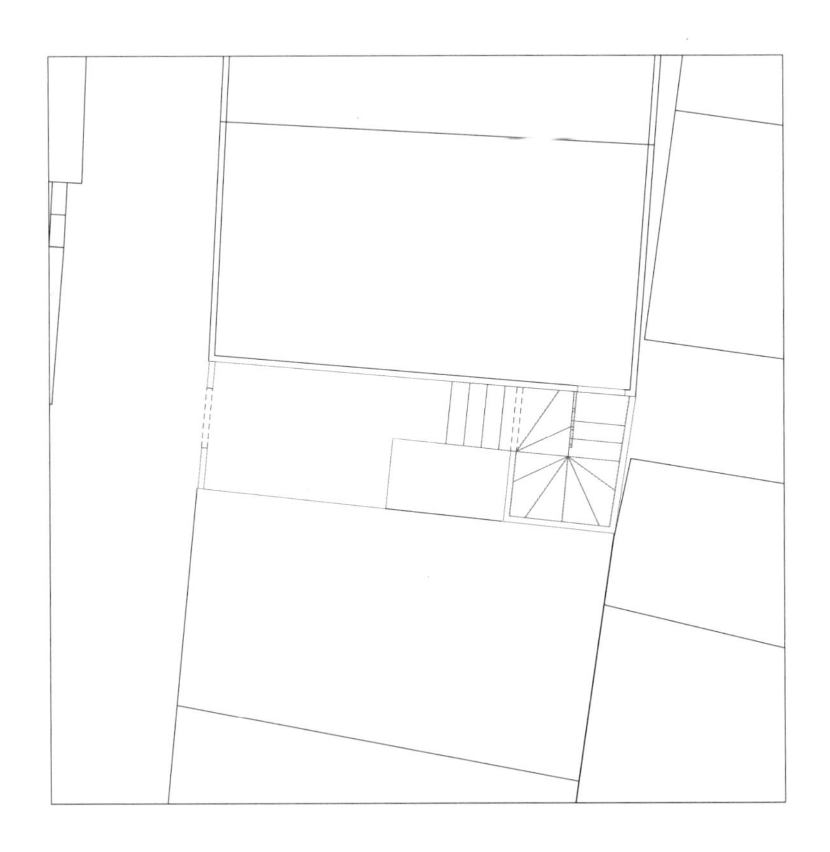

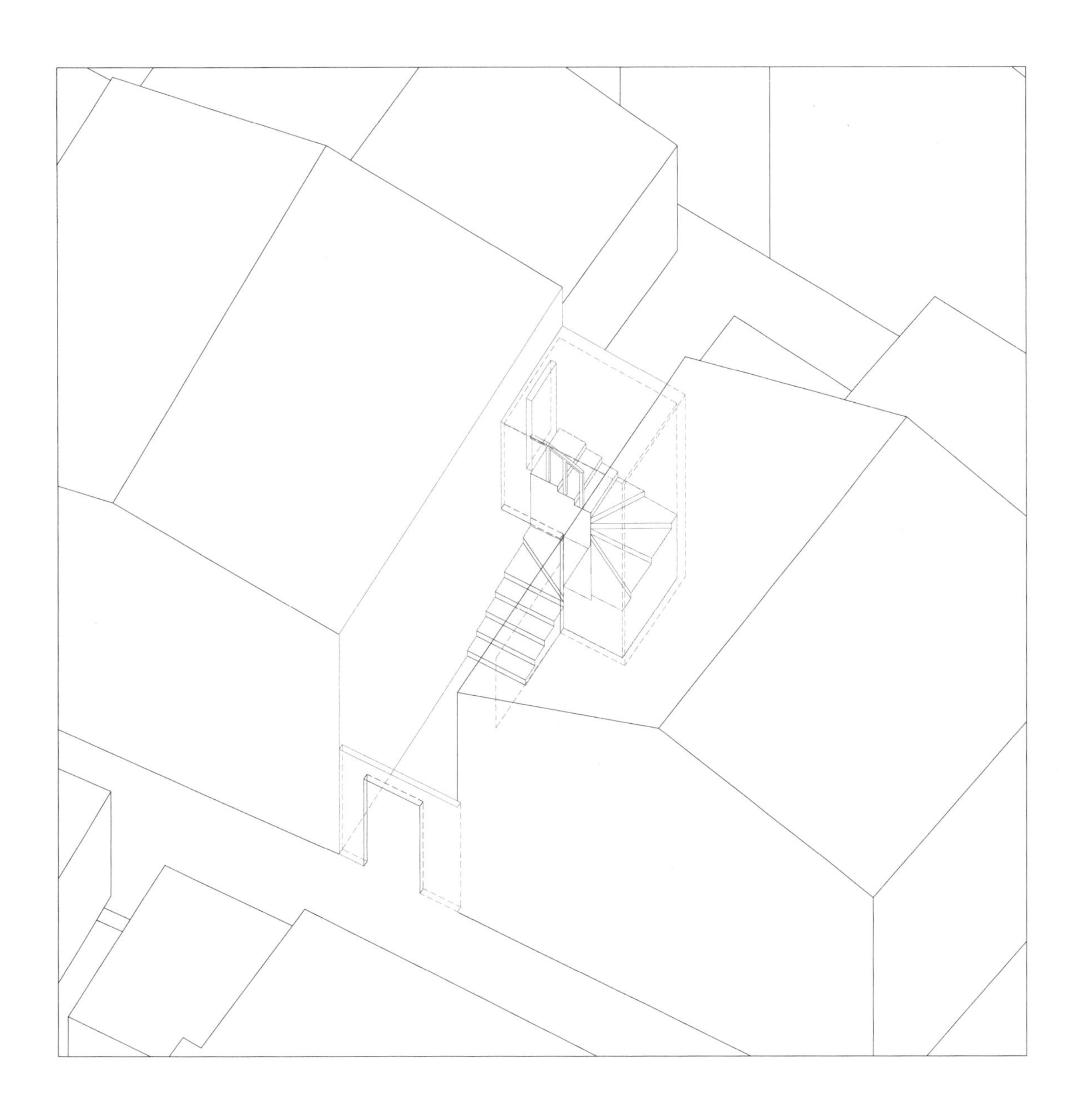

折径

楼梯 5　高岗里 33 号双跑楼梯

虽然双跑楼梯是日常生活中最为常见的楼梯，但高岗里 33 号的这座双跑楼梯却带给人一种不单调的空间感知，这种感知来源于其空间的转折。我认为可以将空间的转折分为两类，即行走与包裹物的转折和视线与洞口的转折，这两种转折随时共存于人在楼梯空间的行走过程中。

从一个拥有高于窄巷两个踏步并垂直于巷子的洞口转身进入，明朗的窄巷与黑暗逼仄的通道构成了第一道转折；上行平台的一半被照亮，与昏暗的通道构成了第二道转折。一层通往二层的平台处的转折最精致，前进方向的洞口大小和视野与照进空间的光线、扶手与屋顶共同塑造了朝向前进方向被放大的空间。屋顶平台与最初的窄巷再次构成了一种视野大小的对比，形成开口状态与前进方向的转折。

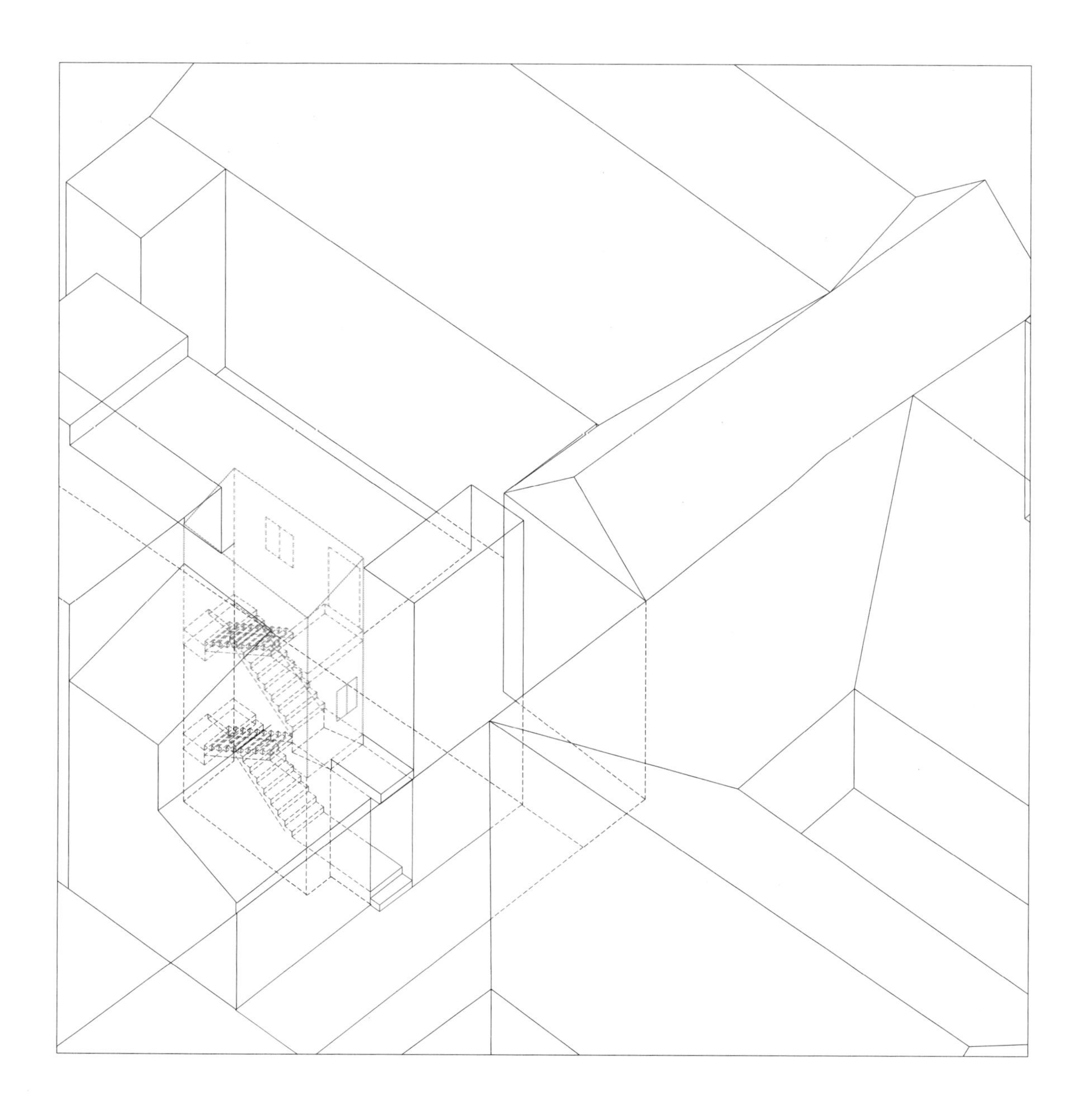

光之折叠

楼梯 6 高岗里某折跑楼梯

对于这栋从外观看下实上虚的房子，这座楼梯最为核心的要素，是类似于火炉的存在。整个空间的塑造在这座楼梯布置并设计完成后就结束了，并且在这个过程中划分了空间的层次，聚集了人群的活动，以及规划了光线的方向。

二层开放平台和向上的混凝土墙扶手一方面创造了光线通过的第一层界面，另一方面暗示了内部楼梯的存在。楼梯上行的开口则是光线进入空间的第二层界面，它使得人群最为聚集的空间变得最为明亮，而内部的更为私密的空间则只有一扇狭长的天窗透着微弱的光。借此，楼梯通过划分光线的疏密创造出不同的空间。

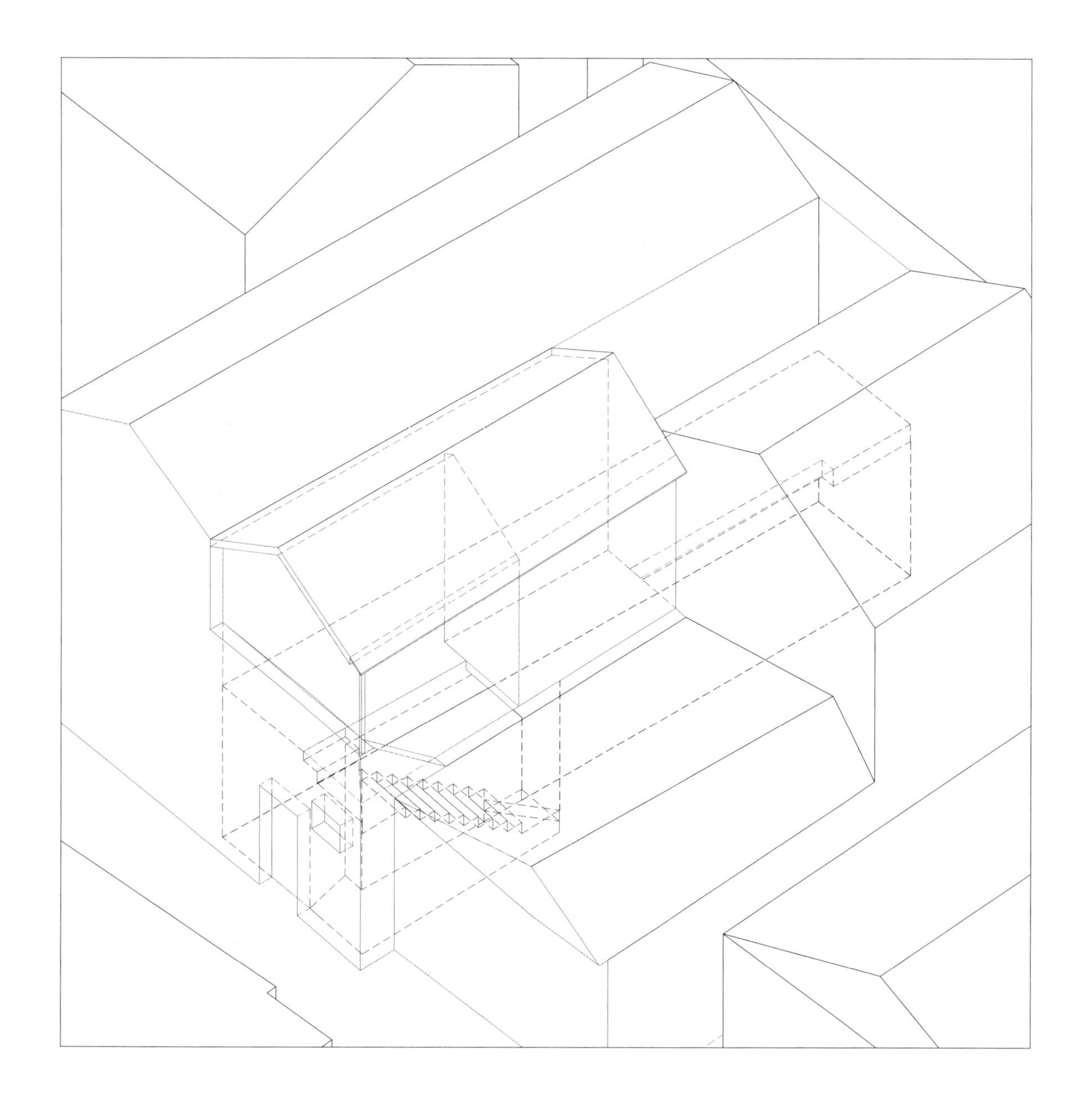

覆盖上行

楼梯 7　同乡共井 1 号楼梯

穿过同乡共井的门洞，可见狭长的院落中占据着一座高塔，楼梯围绕高塔而上。从远处看，一层水泥砌筑的栏杆与墙体融为一体，雨棚也旋转着墙体，随着楼梯爬墙而上，要素的整体感宣告着这幢小二楼的独特。顺着墙面拾级三步，视线恰能隐隐看见院墙外之景，转折处的台阶被隔壁房屋占去一半，两座因为墙体分开的院落通过楼梯连接在一起。本以为楼梯尽端的房间是隐秘的，推开门却发现是一个开敞的厅，站在厅内还可看见栏杆的扶手后透着层层瓦片，好似平台连着院落另一侧的屋顶。转身看，更是借到隔壁庭院中郁郁葱葱之境，两座庭院似乎是在一个空间里，只是在不同高度罢了！

红色表示一层—楼梯—二层的连续的底界面。蓝色表示建筑围合出的边界，绿色表示可识别的顶界面。

52209660
52209660
52209660
52209660
52209660
52253241

52209660
52209660
52209660

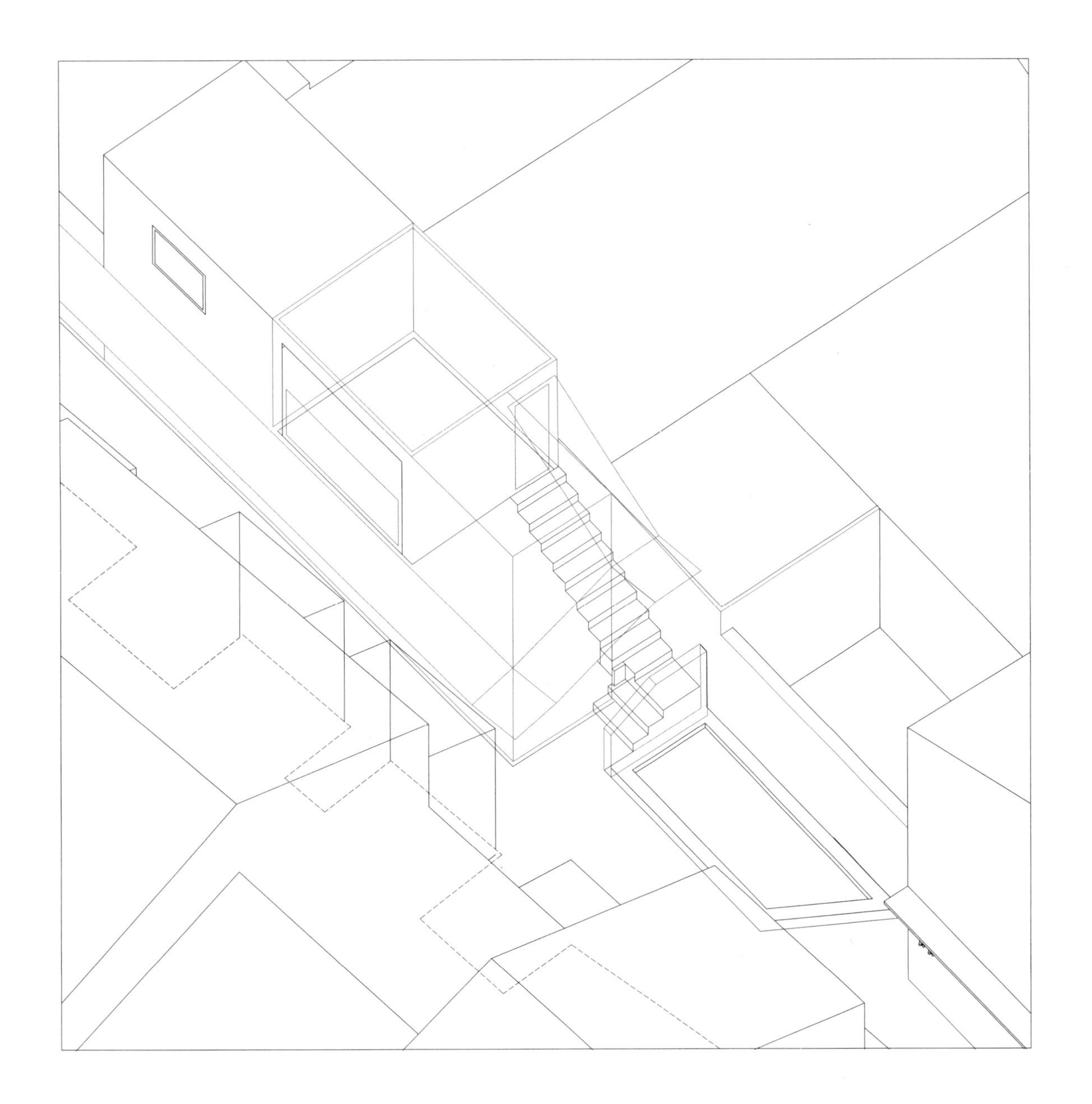

光景日常

楼梯2　同乡共井3号楼梯

站在昏暗的通道里，能看见透过端头院落的光线，但是楼梯却隐匿在门洞前的黑暗中，只有走进了才能看到凸出的一级台阶。前半段的台阶也是昏暗的，而台阶的端头则有光线射入，仿佛是此前通道中明暗序列的再一次回响。光线照射在平台的杂物上，仿佛杂物是舞台上的表演者，在光束下闪亮登场，堵住了去路，但是隐约的鸟叫与明亮又引人继续向上。走到平台之上，眼见树枝繁茂，印在天空之上，令人心情大悦。平台只能让人转过半身，一片墙将两段台阶泾渭分明地划分开，还能让人瞥见一隅门洞后的光亮，回扣了序曲。站在窄窄的二层平台上，看到悠闲的猫、整齐的盆栽、横挂的衣物与零星杂物。回头看那转角扇形的台阶，有种跋山涉水而来才能看到这生活画卷之感。

红色表示连续的楼梯，实线表示二层，虚线表示一层；蓝色表示感知的空间，实线表示二层，虚线表示一层；绿色则表示对光影变化的重要实体，实线表示墙，虚线表示洞口院落。

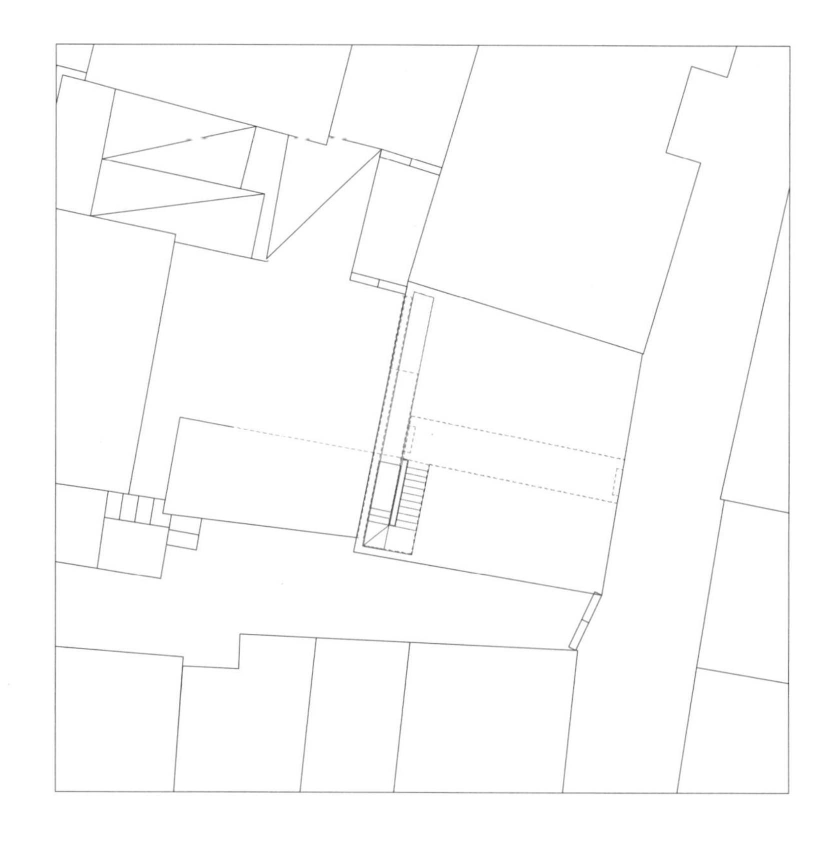

手工
鍋巴

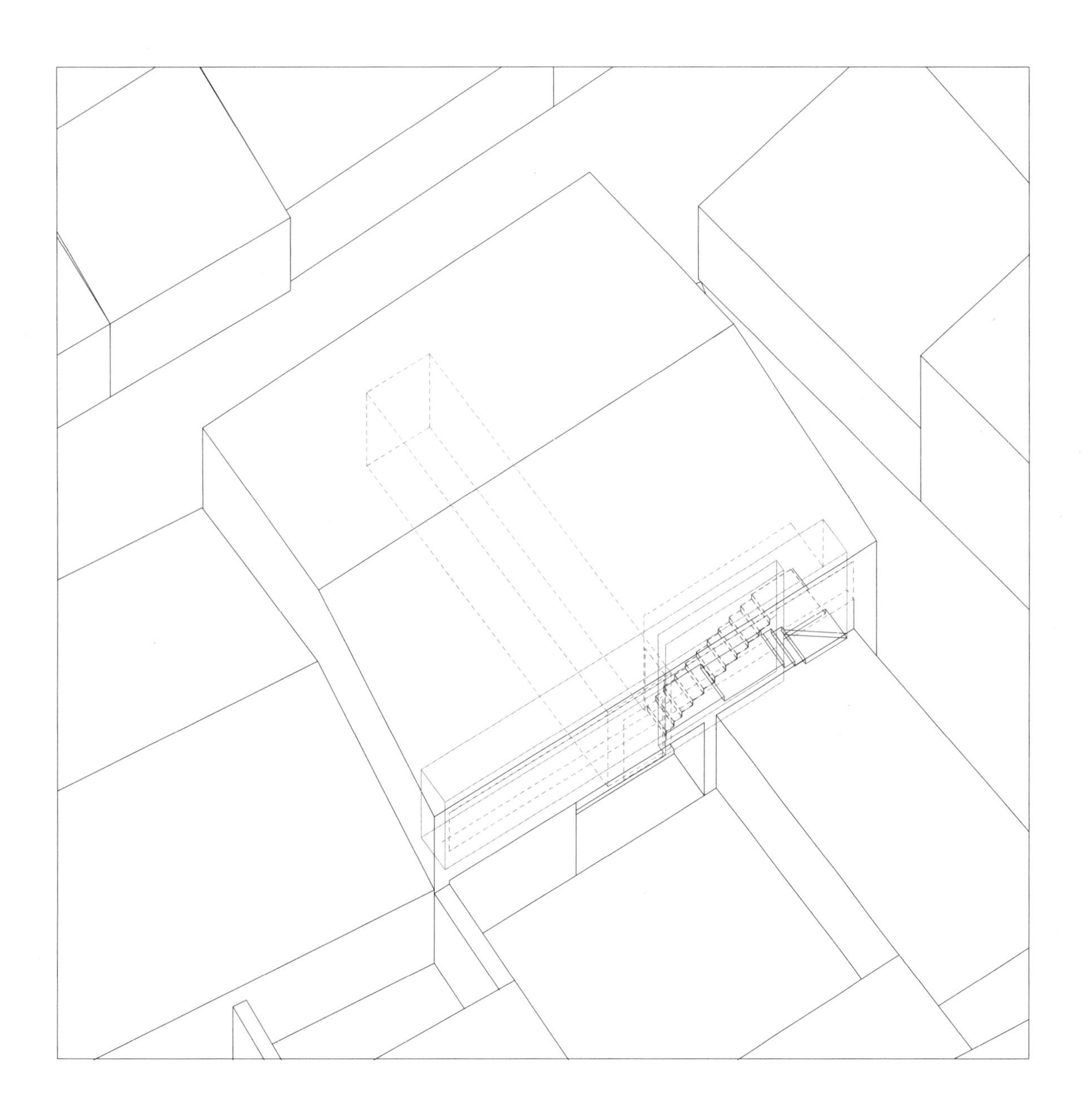

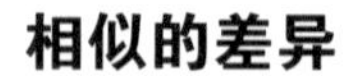

相似的差异

楼梯 9 鸣羊里 5 号楼梯

从巷道入口进入院落，在左侧的踏步引导下沿着楼梯转折，环绕院落的边界上升，来到二层阳台的入口。在这一过程中，院墙限制了视线。当人转身，视野被打开，可见院墙分隔的另一侧是一个宽敞的二层平台，平台边缘扶手的转折提示了另一座楼梯的存在，这座楼梯连接了平台和地面层逼仄的院落。沿原先的楼梯走下，在半高处的平台转向，看见另一个相似的院落和“L”形楼梯。

三个“L”形楼梯采用了相似的形式，分别将各自的院落空间和对应的二层空间相连接，不同的路径互为感知的主体和对象。三条路径在这个既分隔又整合的空间中并置，在创造交流的同时保持“礼貌”的距离，避免了空间的相互干扰。

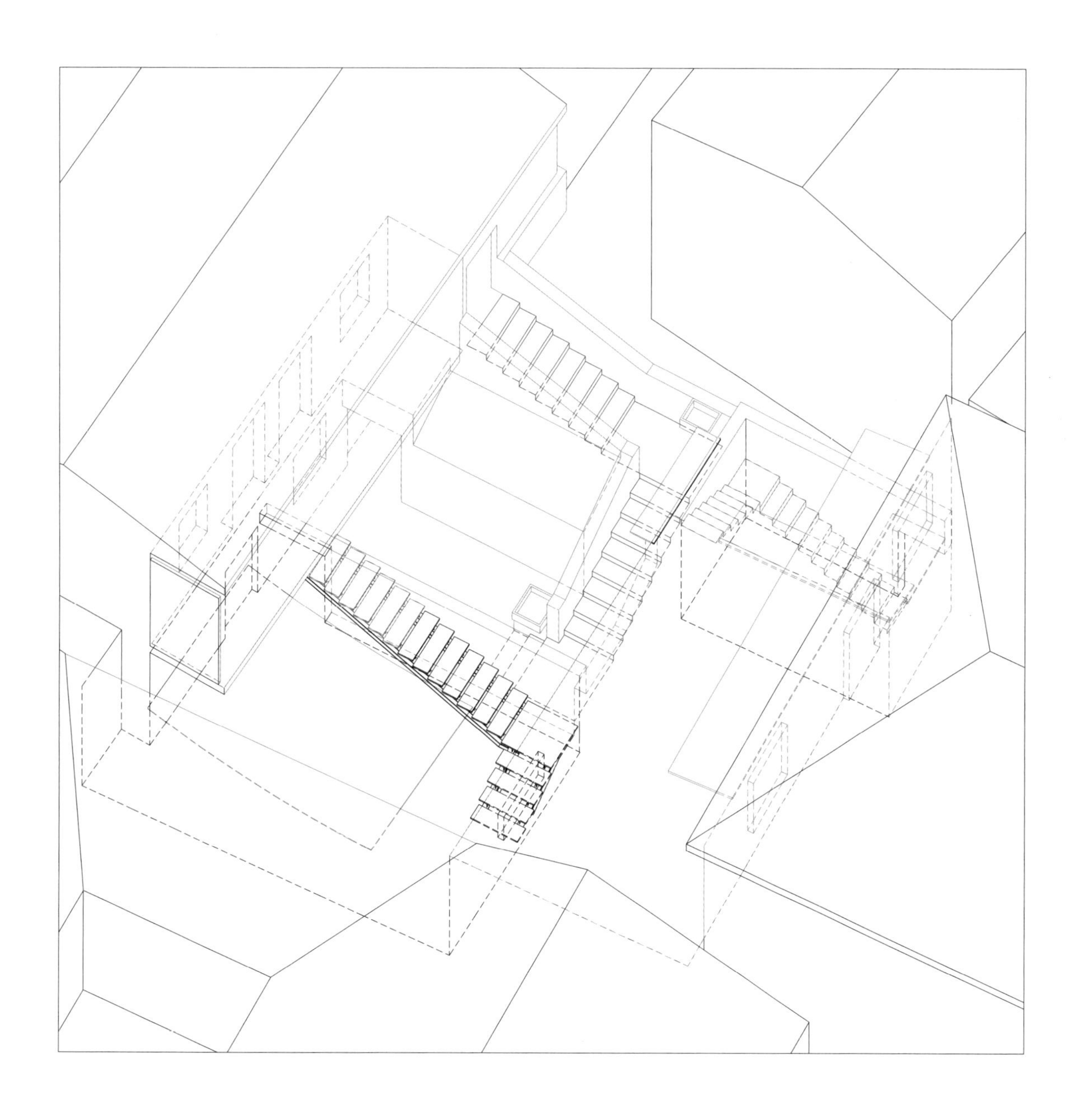

层 · 台

楼梯 10 学智坊 10-9 号楼梯

“Z”字形的楼梯联系了四个不同高度的平面：街道、大平台、小平台和二层的走廊。

第一段的三级踏步将人带至相对宽敞的一层平台上，平台的另一端有一扇窗，窗下摆放着一张桌子，一层平台作为半公共起居空间的延伸，区别于公共性的街道；第二段踏步将人带至半层高的二层转折平台，人能够越过眼前的屋檐，以一个不同的高度观察街道向前延伸和转折的走向；第三段踏步将人带至二层走廊，面向私人空间的入口界面。

自上而下的空间感受完全不同：先是开门见山，面向重重的屋顶；再经过二层转折平台，再度面向邻居的灶台和水槽，将外部世界的鸟瞰视角转回半公共的起居空间；最后，在一层平台处转折，进入完全公共的街道。

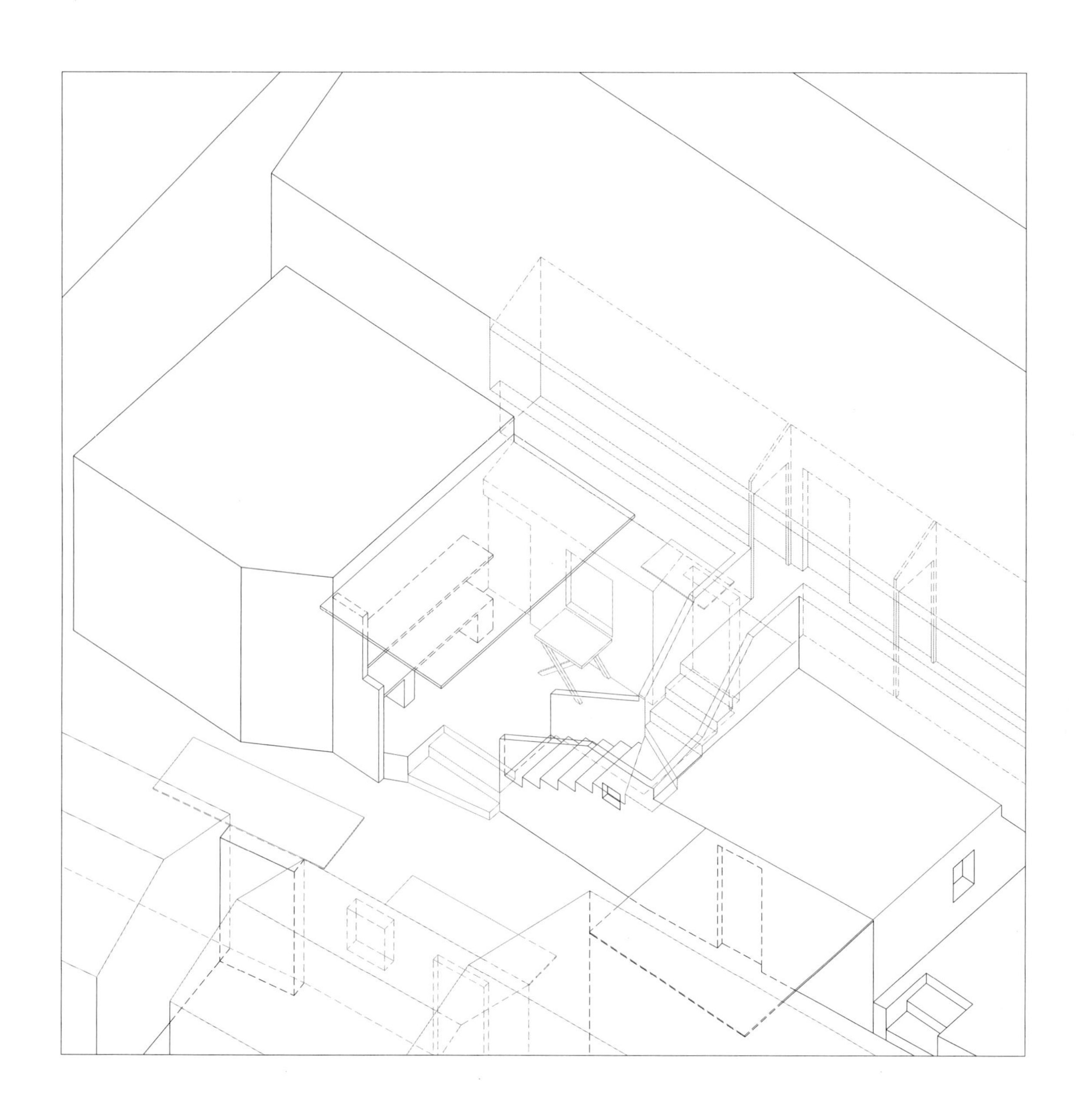

门

在门与门之间的穿梭，将门与周边一系列城市与建筑要素相联系。对这些习以为常的要素的关联性反思，让我们针对门这个普通的要素，逐步产生超越习惯性认知的空间感知与生活理解。这源于动态的观察中，对门本体与门之外的相关要素的重组，从而建立局部空间的全新体系，并建立被重构的生活系统。

从现象观察到空间感知，门与周边一系列要素在人们自发突破的建造行为下，产生了一系列难以预料的空间效果，门不再仅仅是“内与外”“公与私”的界限分隔，门与门、门与楼梯、门与墙、门与院落等，形成了诸如“多重视角”“压缩与扩展”“空间扭转”“空间切割”等空间形态的认知。感知门的过程，是在木门、铁门、塑钢门中感知时代与社会变化下的物质变化，也是在感知权属、社会关系与行为变化下的空间转译。

视折境转

门 1　近陈家牌坊 33 号门

入户门象征着家庭隐私的边界，在通常情况下拒绝外人的进入，限定了观看的距离；巷道的狭长限定了行人活动的路径，也限定了观看的角度变化。通过这些限定，门洞得以遮盖部分现实，向不同方位和角度的观察者展现不同的印象。刻意的观察者通过连续地变换角度，能够获得完整的印象；不经意的观察获知的信息则是片段的甚至可能完全相悖的。

从门的左侧接近，看见的是一个开门的房间；正对门洞，看见的是屋檐下的井口；从门的右侧接近，看见的是一段向上的楼梯踏步。门洞的选择性遮蔽构筑了三幕不同的生活场景。

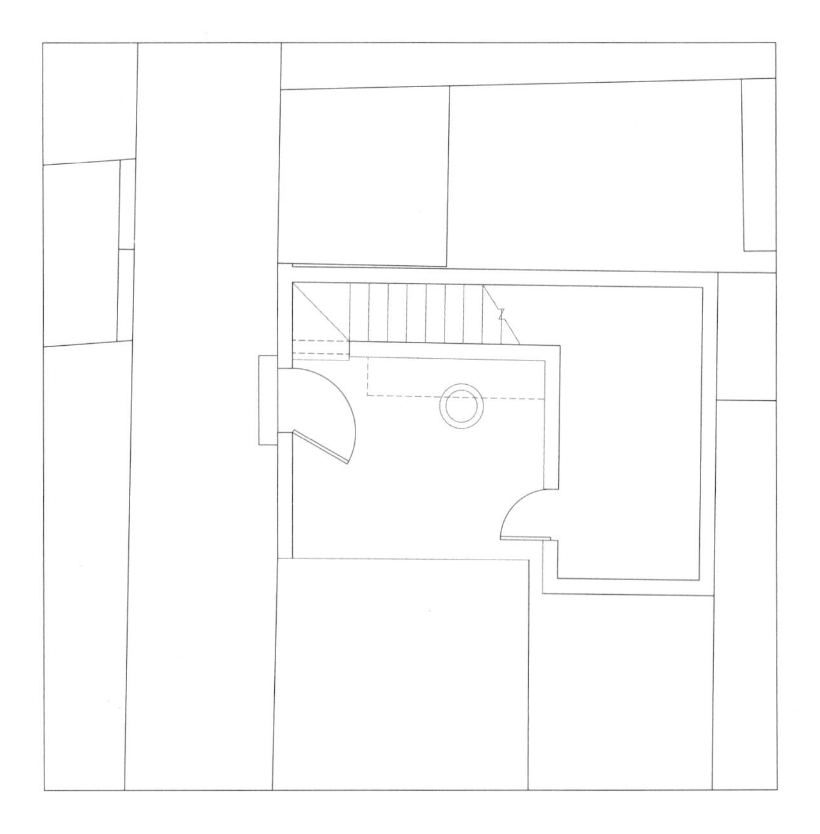

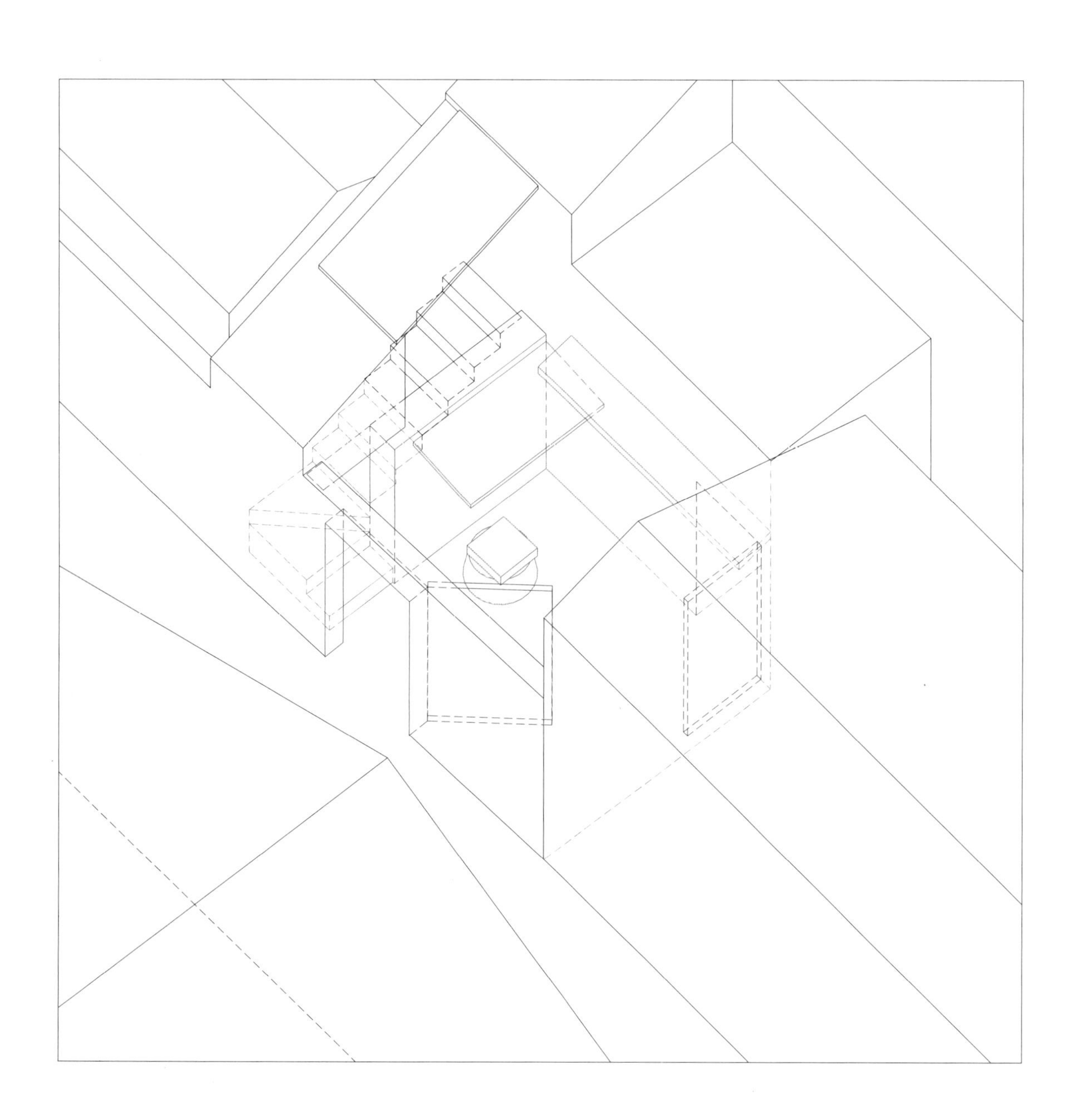

压缩与扩展

门 2 同乡共井 15 号门

内外两扇门是入户门的常见做法。在这一案例中，外侧的透空铁门是开着的，横置在台阶踏步上，直面小巷入口，提示了住宅入口的存在。穿过开着的外门，还有一扇关闭的内门，似乎直接穿过外门再打开内门进入家庭空间是顺理成章的行为，不需要多余的动作。封闭的界面压缩了入口处的空间深度，两道洞口在视觉上重叠在一起。

继续走近才能发现，两扇门之间仍然留有空隙，并且空隙横向拓展形成一道走廊，通往两侧的卫生间和储藏间。在面向院落的外墙后的内墙上还有其他门窗开洞。这两扇门之间的空隙或许也能够被理解为一座极为狭窄逼仄的内院，即使墙体本身并不高，但是受限的宽度增加了这一空隙在深度上的感知，带来了垂直方向上截然相反的空间感受。

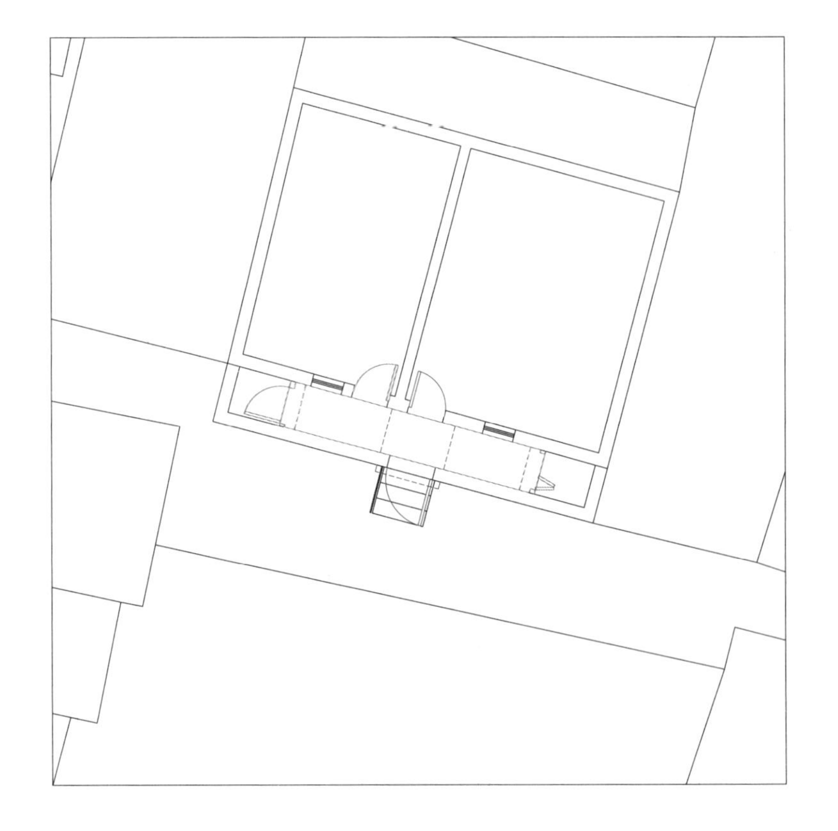

第一步：打开箱门
第二步：打开

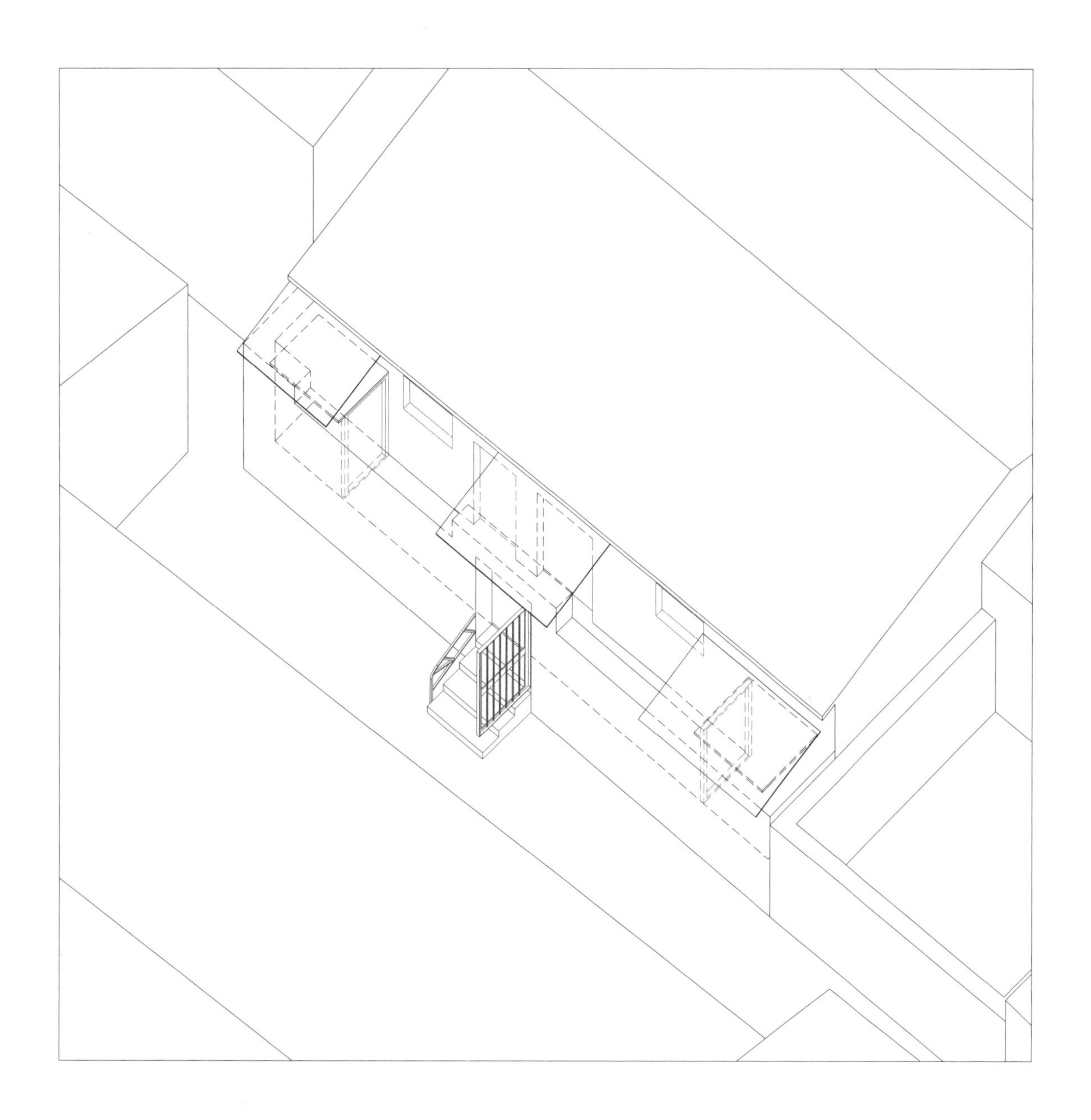

嵌套框景

门3 孝顺里13号门

门的阴影掩盖了它的复杂性，在靠近并登上数级踏步后，空间的形态才得以揭晓：正对的界面被墙体阻挡，右前方巷道的亮光提示路径的转折，街道和巷道的接口形成错位；墙面一边是连续的折角，一边是相对平直的斜面；地面因安装管道而填补的水泥切割了地砖形成的格网，和顶面梁的走向相互交错。不同的空间秩序在这里碰撞融合。

与此同时，身体右侧的镂空铁门开口为空间引入另一光线来源，门后扭转的楼梯通往真正的入户门，这段在两扇门之间的楼梯既扮演了空间过渡的角色，又为下方的入口空间提供了倾斜的顶面，介入并干扰了这一空间节点的秩序。

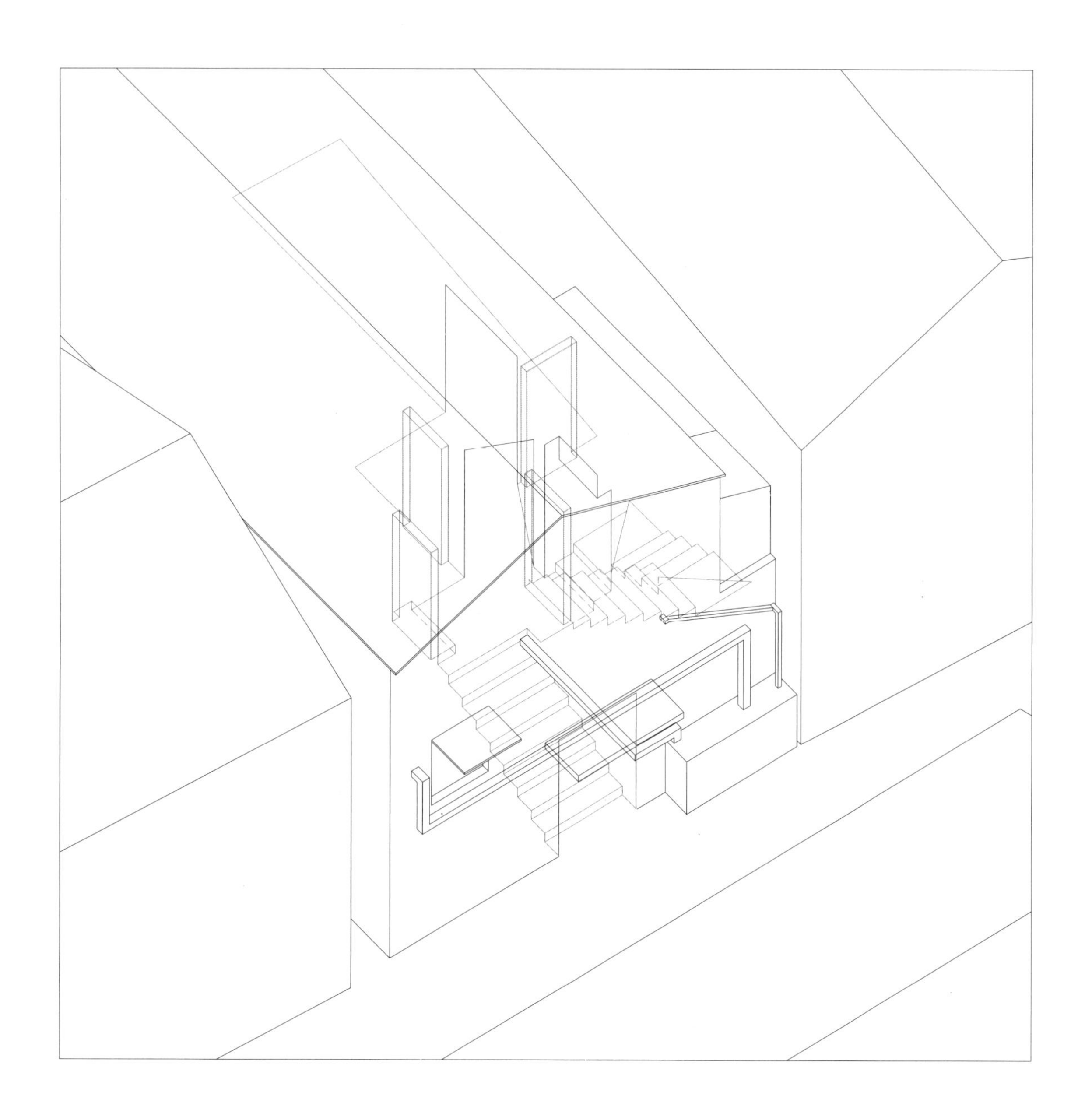

光之一瞥

门 4　近鸣羊里 9–1 号门

向看似平常又昏暗的门洞望去，有一束光线穿过，它暗示着门洞的另一侧是一座露天的院落。门洞成了两座院落的连接物。

这是一束强烈、角度又恰到好处的光线。下午某个时刻的阳光在相邻建筑的山墙与栏板的切分下，再经过转角，最后投射到门洞的另一侧，这束光线就形成了。建筑和自然光的相辅相成，成为空间符号。

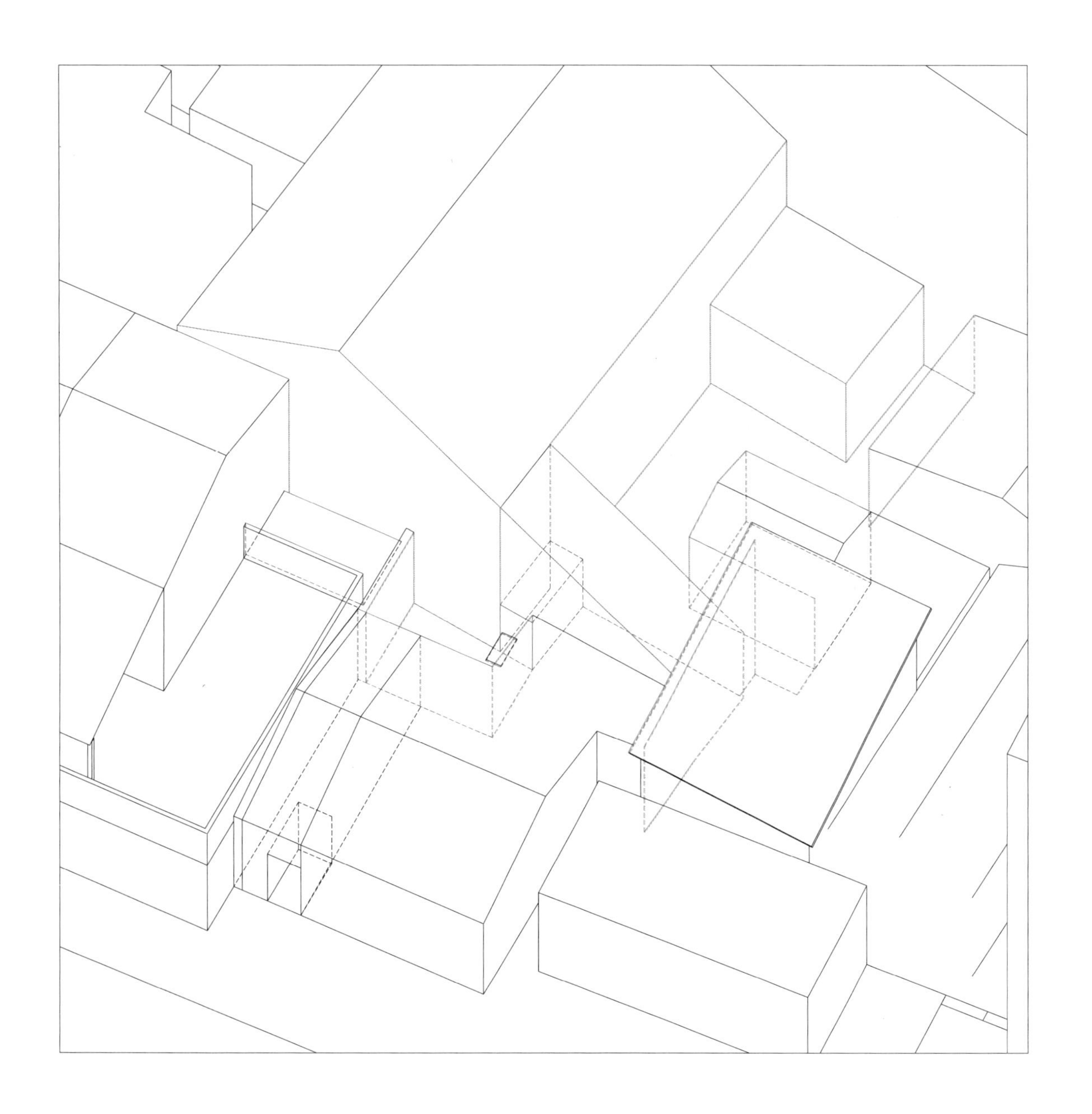

貌似神离

门5 磨盘街15号后门

两道相似的门洞并排出现在一面墙上，它们高度相近，旁边都出现了窗。穿过门洞的空间仿佛都黑黢黢的，仅透着一丝光亮。然而仔细一看，一道门洞只是洞口，另一道门洞则有门扇。

有门扇的洞口，连着一个摆放着方桌的房间。房间的另一侧门洞外面则是一方狭窄的天井。没有门扇的洞口，连着一条狭长的走道，穿过走道则是一座宽敞的院落。

两道看似相似的门洞，因为连接空间的不同出现了有无门扇的差异。同时，相似门洞之后，也出现了截然不同的空间。

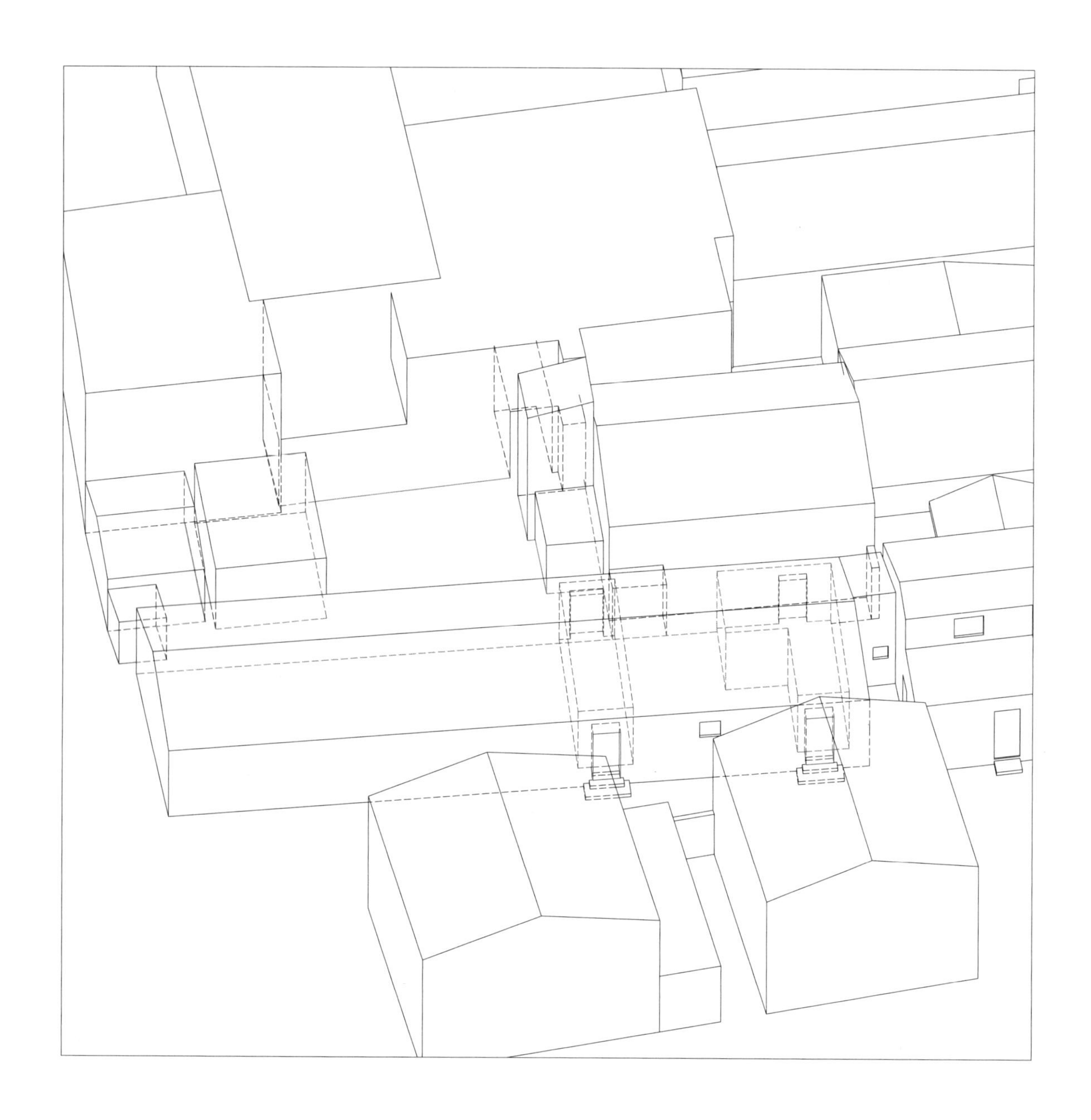

门之进深

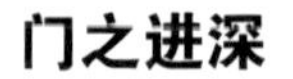
门6 陈家牌坊27-1号门

从洞口望去，借着透出的光亮，看到了建筑另一侧的门。踏入洞口，却发现眼前还有一道木门，木板与墙体之间形成了一条通道，通道内端则是两户人家的入户门。

木门将两扇门之间的空间切分成了中介空间与生活空间。狭窄的通道是介于室外与室内、公共与私密的中介空间。这扇木门之内则是真正的生活空间。

陈家牌坊
27-1

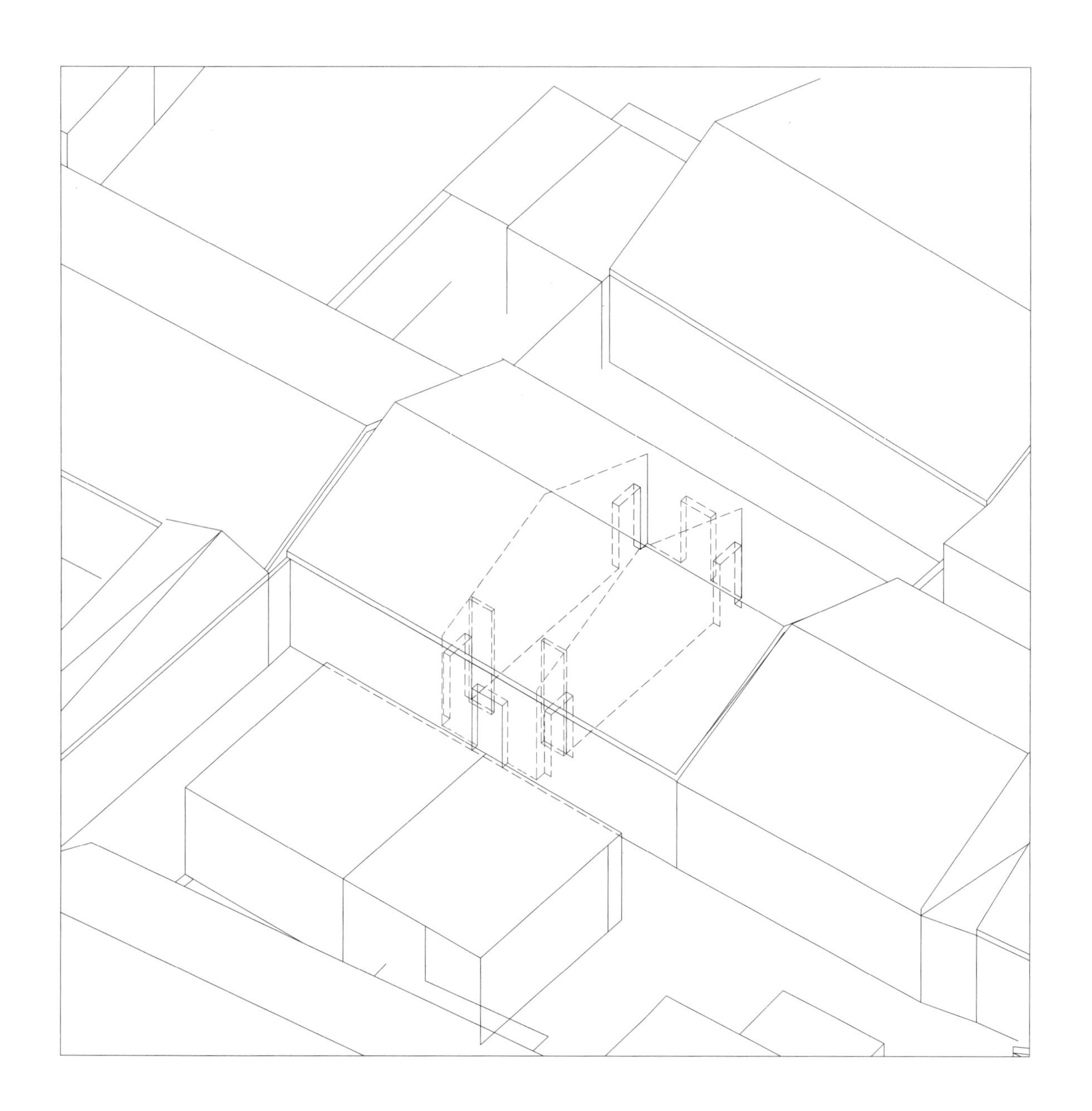

立体预留

门 7　孝顺里 26 号门

从正面看，门是在一面完整的墙上开洞，并加以横梁、门框等装饰，仅仅能体现出作为“门”的简单形式。

当穿过门向里走去，便进入与门同宽的院落空间中，门的上下左右四个边界在院落空间里得到不同方向的延伸，“门”就如同不同的体块元素进行搭接并“恰好”留下的洞口。“门”是自然而然形成的，其作为出入口的本质属性也暴露出来。

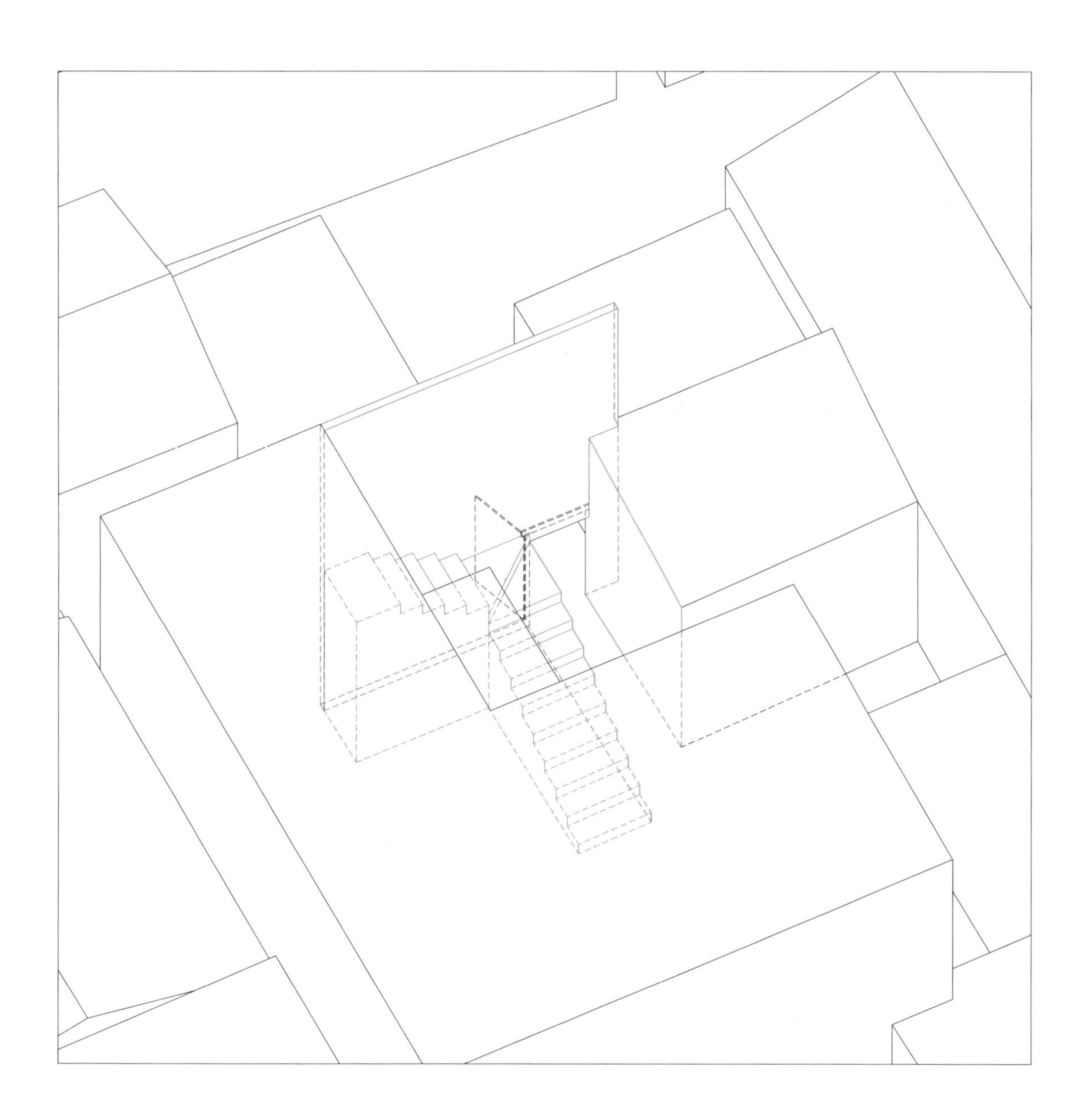

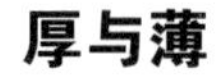

厚与薄

门 8　孝顺里 22 号门

从有厚度的门洞看向门洞，因为一侧存在薄薄的一片屋檐，门洞顶部被屋檐限制，门的尺度感变小了；而从另一侧看向门洞，由于光的存在，门洞口薄薄的屋檐没有对“门”产生限制。从不同的方向看门，光定义了门的大小与边界，这与旁边没有厚度的现代门做法产生对比。

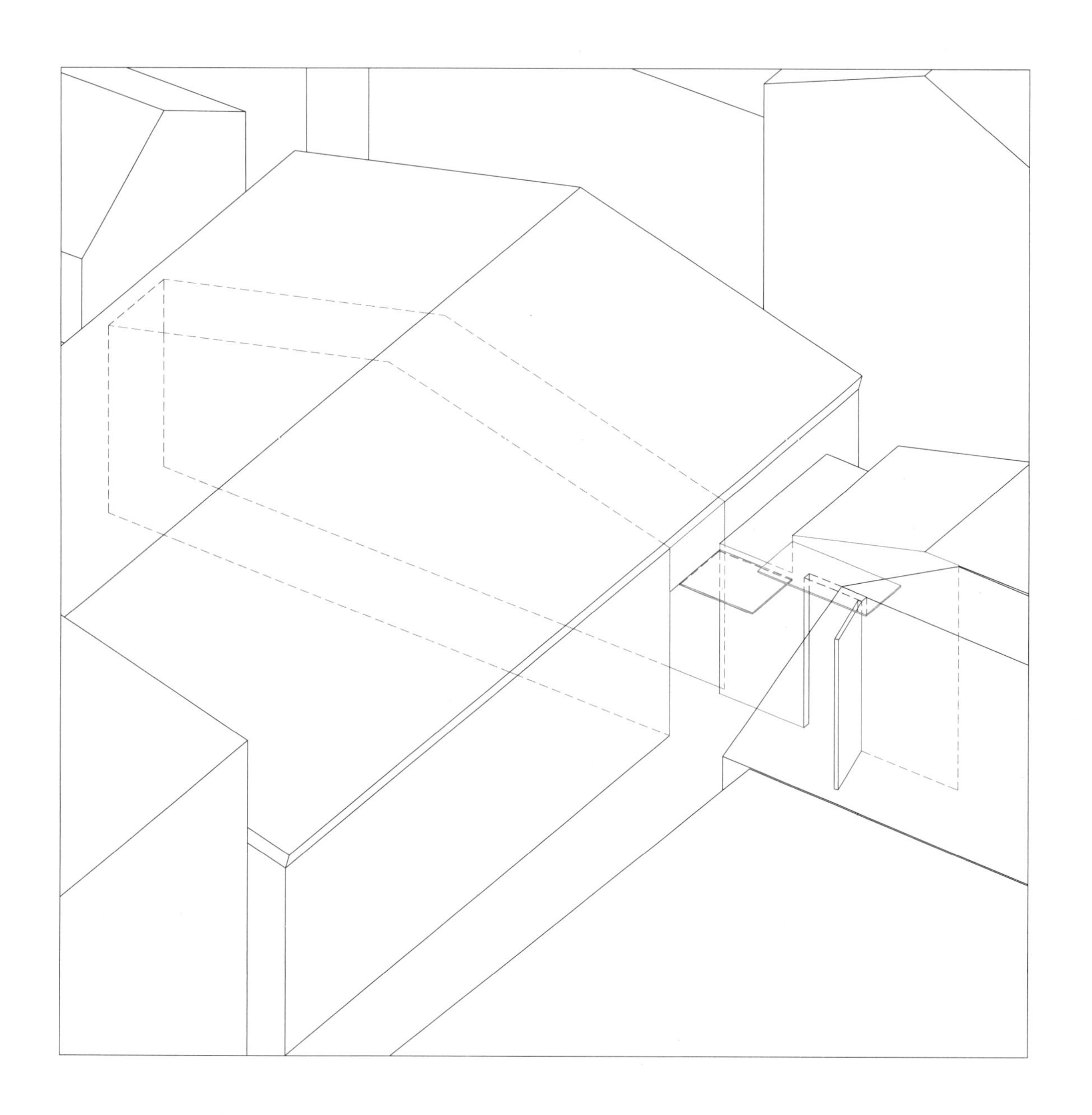

嵌套，逐层聚焦

门9 孝顺里某门

嵌套的现象：五扇门以洞口的形式，通过简单的方式设置在房间相互平行或垂直的墙面上。

逐层：没有门扇的门洞创造了可以同时凝视两个空间的视景，并为这种连续的视景制造了一种层的状态。多道门洞形成的阵列所产生的嵌套现象，则提供了多层空间的视野，将其压缩到一个二维的图像中，使人可以对空间进行更深度的阅读。

聚焦：在这种连续的阅读中，门洞所连接的空间呈现出不同的状态，而这种差异化的景观序列使人凝视的焦点不断地产生变化。

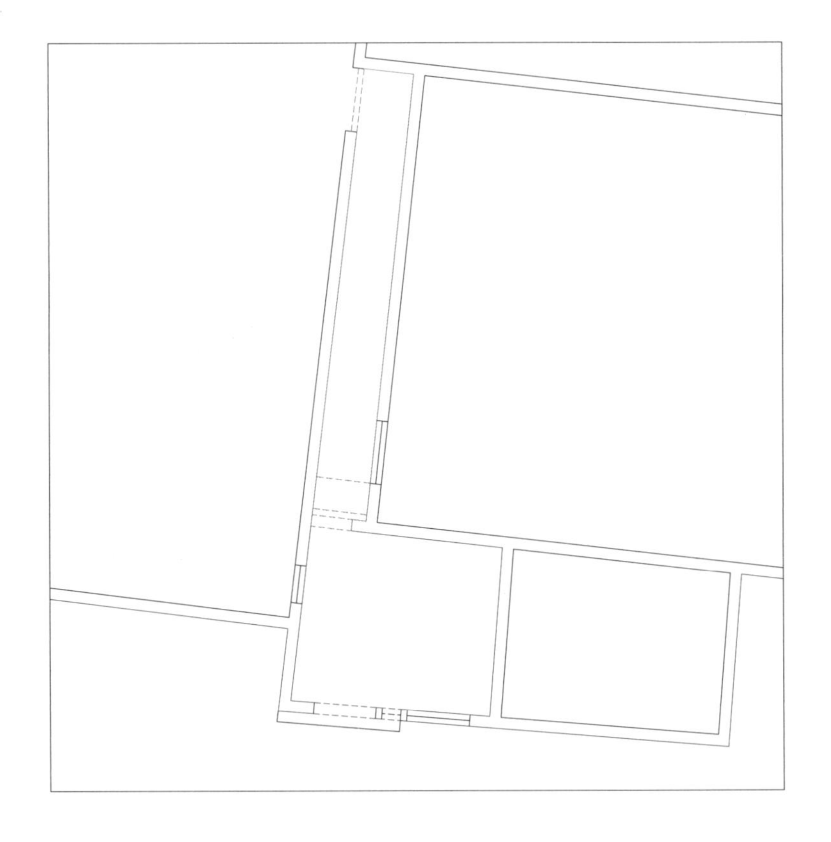

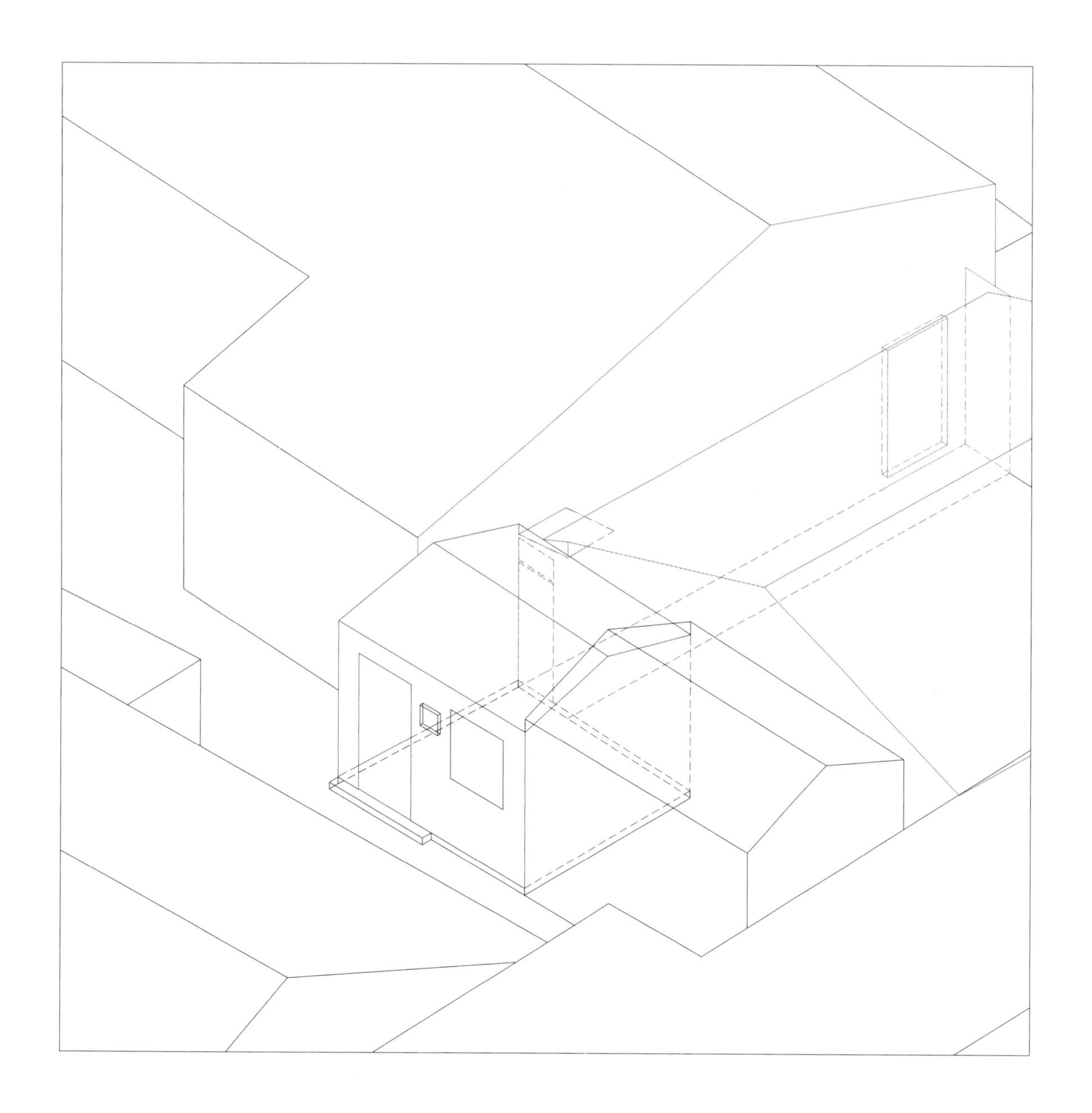

序列起伏

门 10 磨盘街某门

门所在的空间是一条深邃昏暗的内廊，内廊的尽头是一座双跑楼梯。虽然空间的整体形态是过廊，但人能感知到的是空间中作为结构和视框的门洞。

三道洞口通过线性阵列、垂直折叠、竖向重复的方式组织整个空间，并影响人们对空间起伏、明暗变化的感受。

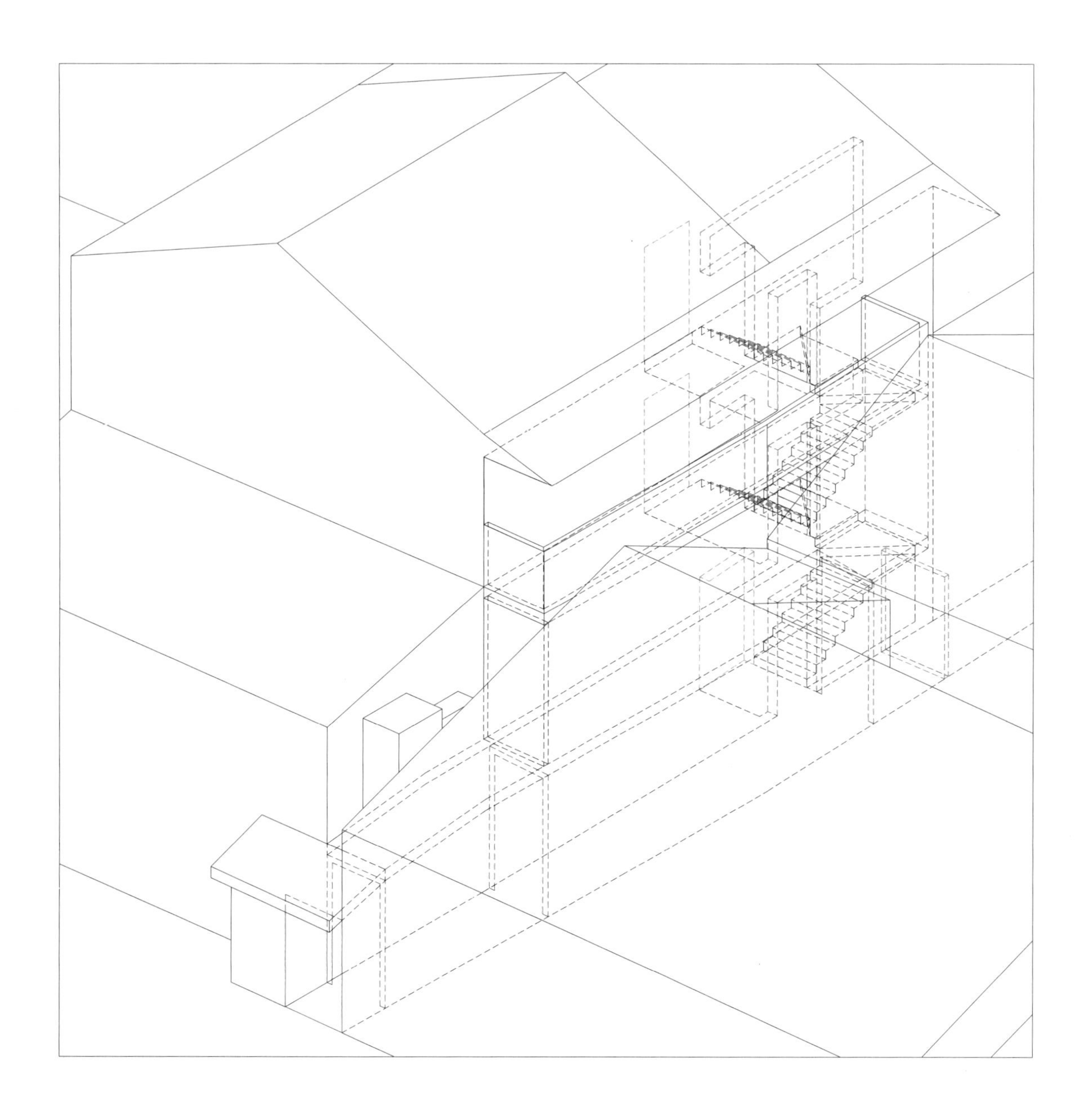

层叠限定

门 11　高岗里 31 号门

老式砖门洞背后是一堵实墙，从门洞口可以直面墙上的窗户和空调外机，墙与门因此有了表情，像一幅被压缩了的平面画。进入门洞之后，才能发现幽暗中只露一角的屋门。只有走进它，内部结构才渐渐清晰。二次曲折发生在两间房屋在角部的衔接处，让黑白之间又多了一层灰空间，也让空间在转换方位中变得立体。在尽端院落里徘徊后转身，同样的路径因为明暗的镜像而变得新奇。光线本身成为门的轮廓，像是不同图层叠加出的门，入口处门的平面感消失殆尽，只留“曲折尽致”。

红色实线表示路径中感知的门，红色虚线表示叠加后形成门的视线。蓝色表示路径中被墙体限定出的灰空间，绿色表示光线来源的院落空间，虚实的不同表示转折前后的层次。

31

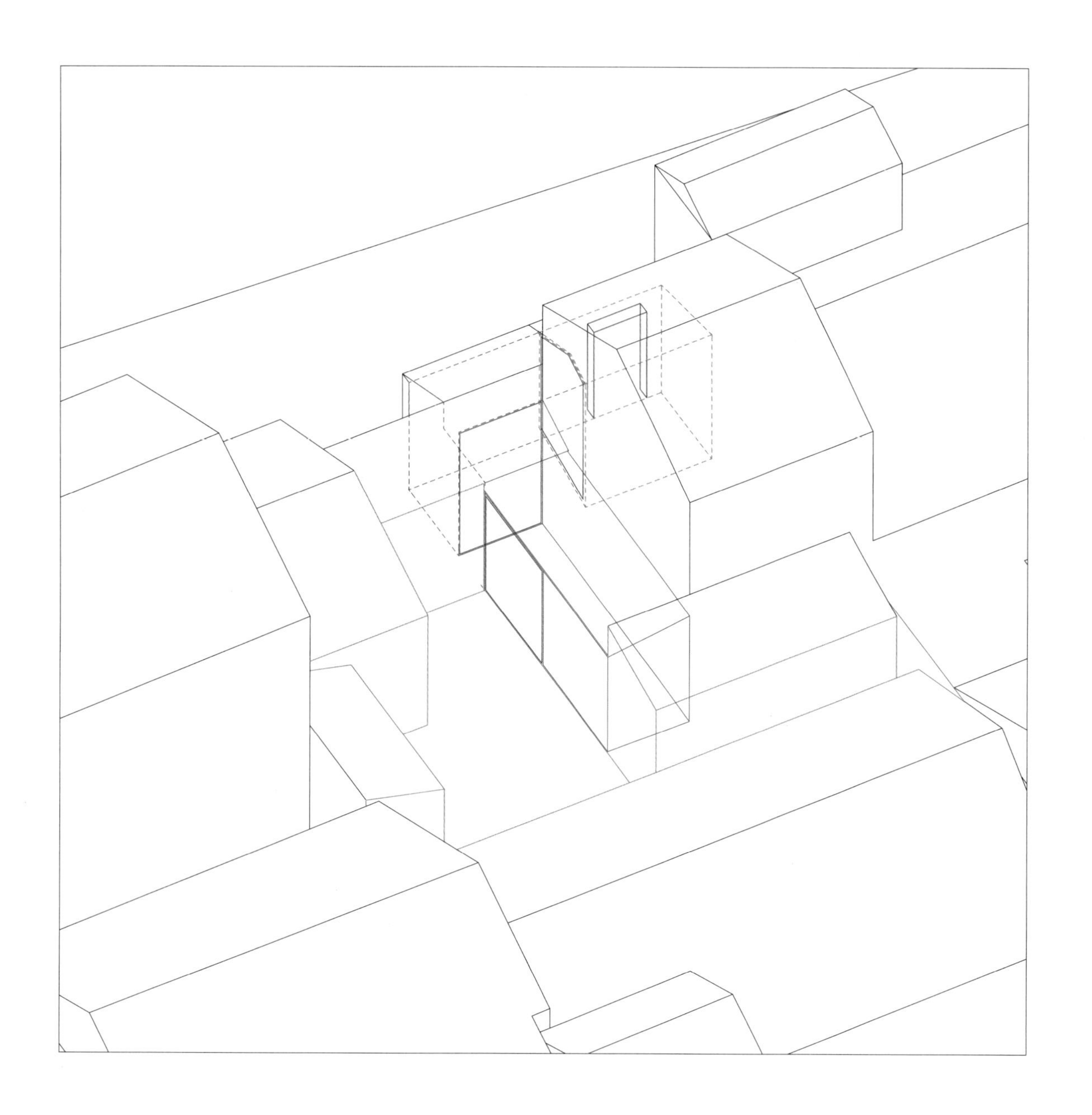

厚度空间 · 门

门 12　高岗里 19 号门

屋宇式的大门将走在街道上的人们拉回到百年之前的岁月，沿街的大屋檐下给往来的人们驻足的空间。而迈入大门后，门内大屋檐下堆积的车辆和院落端头的白色墙面又把人们拉回当下。经过较长一段灰空间的过滤，街道上的嘈杂声也似乎消散了。方正的院落几乎看不出传统的痕迹，转身再向那道“时光之门”看去，门两侧鳞次栉比的山墙和黛瓦成为一种不对称的传统符号，相似又有所区别地限定出通往两侧院落的不同入户空间。

红色表示门洞；蓝色表示被门洞串联起的空间，其中虚线表示进入主门之前，实线表示进入主门之后；绿色表示庭院感知的空间，其中虚线表示屋顶高度上的符号化界面，实线表示屋顶高度的剩余界面。

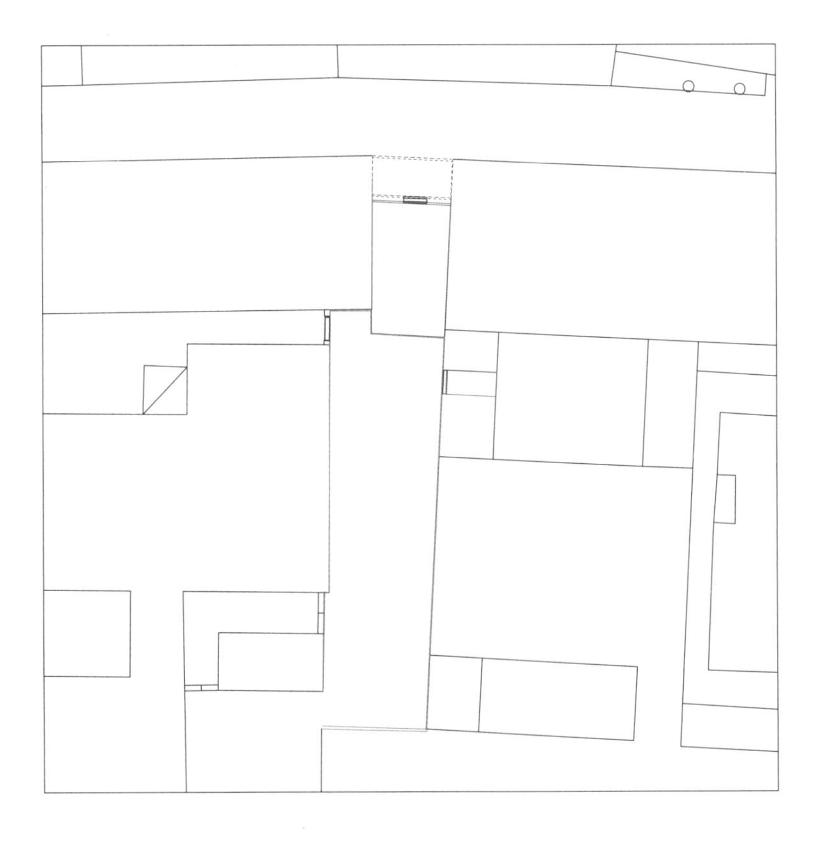

17
19
17
19
17
19
19

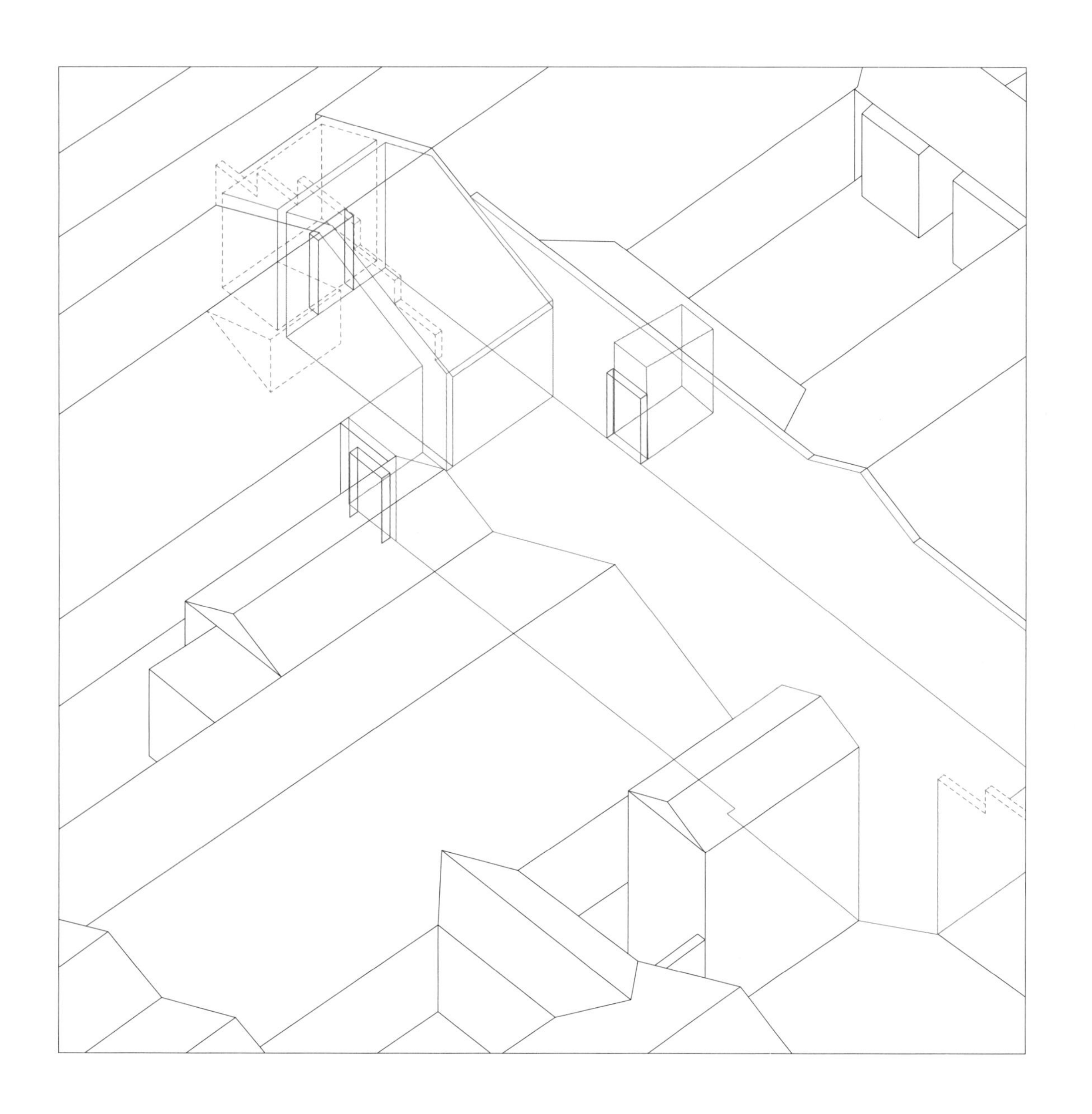

檐口

檐口的感知，大多源于对大部分临时性檐口的关注。这些被剥离于具体空间环境的檐口，在使用中被重新安置，并被不断引导与创造，使空间发生突变。对空间突变的抓取往往源于观察者在屋檐下的光影中穿梭步行、在雨中潮湿交界处静伫和在对檐口自身系统组织的再思考之中。

檐下空间的感知，突破了针对其檐下覆盖的空间与功能定义，更进 步地体现了在不同的环境与生活影响下的空间组织。连续的、断续的、线性的和面状的檐下空间与建筑要素的系统关联，体现了生活空间外溢的空间共享，也强调了在内与外的连接性下交织的空间系统。轻与重、透与不透的檐下空间，以一种生活需求的确定性和使用方式的开放性、外部空间的物理性与内在空间的社会性，体现了檐下空间的生长特质。

镂与透的限定

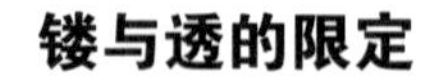

檐口 1 学智坊 10-6 号檐口

当檐口接连成片地出现在街道上时，便不再是入户的一种遮蔽，而是自下而上对廊道的一种创造。虽然它们的形式不同，或是简易的 PC 板雨棚，或是绿意盎然的植物藤架，但它们都结构清晰，都打散了阳光，在地面画下阴影。长短交错、明暗纷繁的檐口，给短短的街道装饰上了多彩的感知。

红色表示支撑结构，其中实线表示上有雨棚的部分，虚线表示仅支架部分；绿色表示檐口覆盖物，其中实线表示具体雨棚，虚线表示绿色植物覆盖物；蓝色表示被感知的檐下空间。

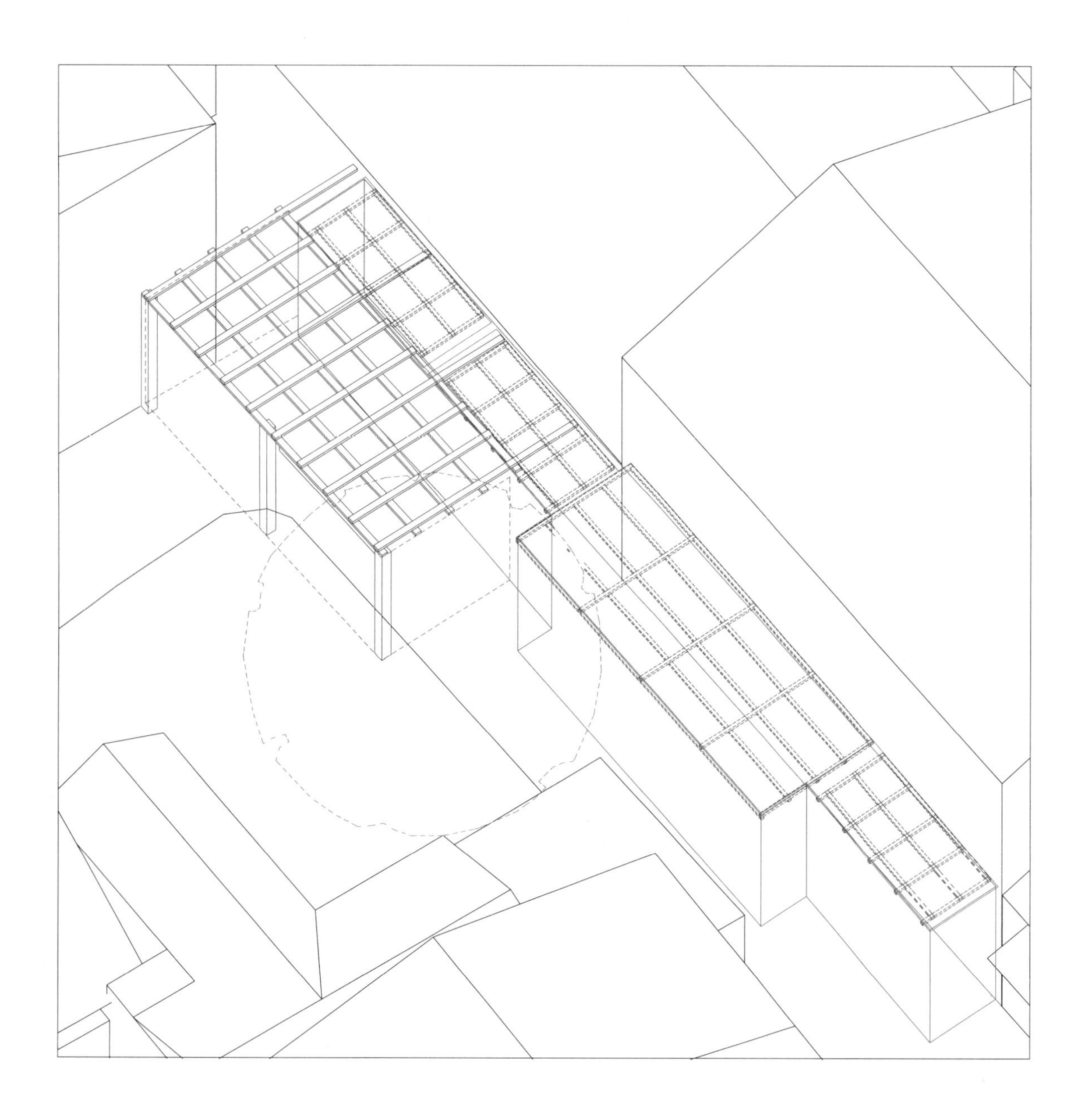

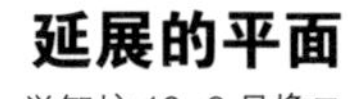

延展的平面

檐口 2　学智坊 10-9 号檐口

从街道转入小巷，三面伸出的雨棚围合出小小的天地，将开敞的公共性极强的空间私密化，成为“中性”的空间。走上二楼之后，伸出的屋檐又好似平台的延续，模糊了居住区域与街道二者之间的界限。

红色表示一层屋檐，绿色表示二层屋檐，其中实线表示实体存在的，而虚线表示可以被感知为檐口的界面；蓝色表示屋檐下连续的空间，实线表示私人围合，虚线表示街道上的遮蔽空间。

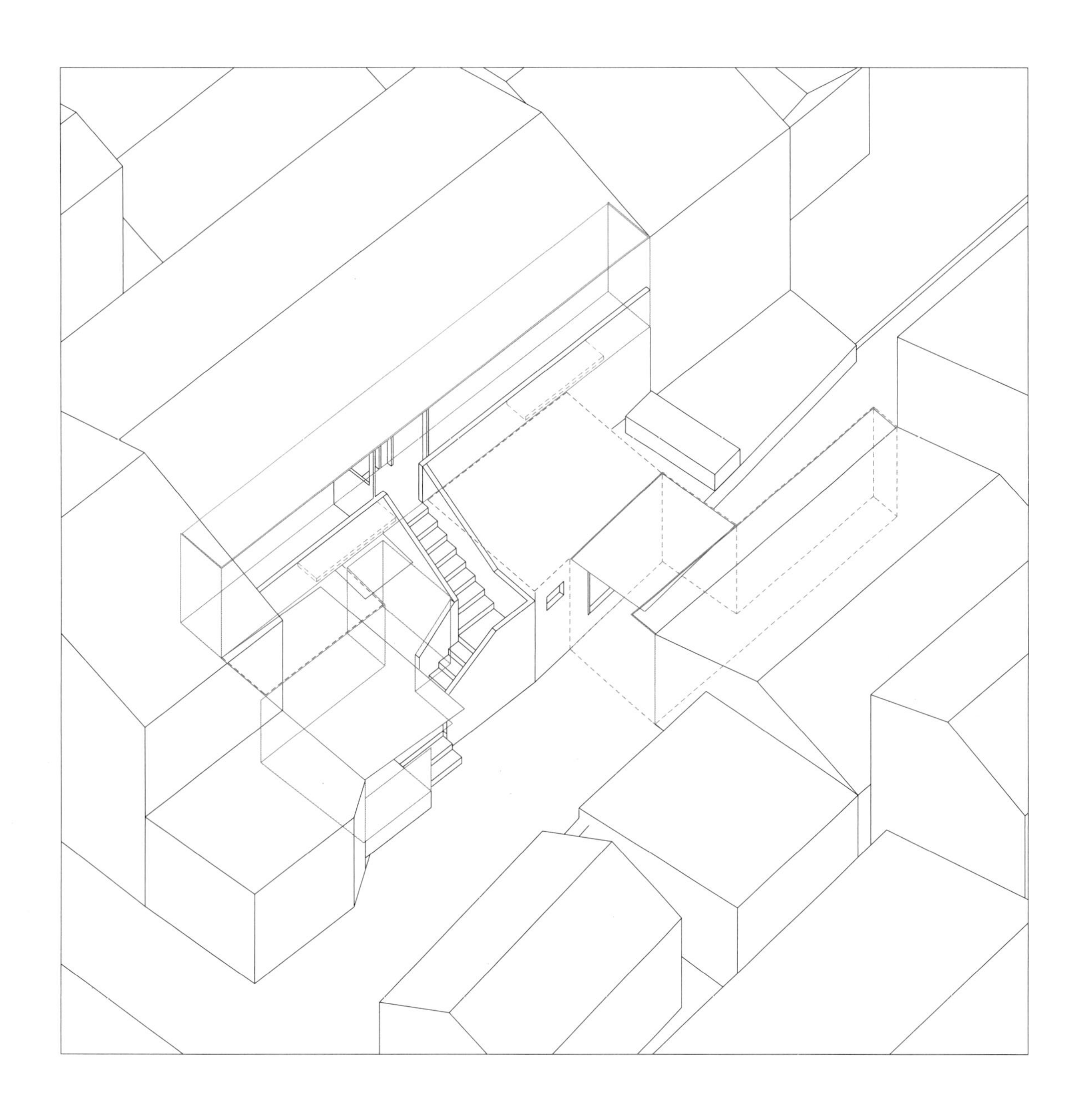

宽中高窄

檐口 3 孝顺里 26-2、26-3 号檐口

两片屋檐位于街道一侧的住宅入口上方。室内外的连接通过七级踏步实现，由于街道宽度狭窄而横置的踏步增加了入户路径的转折，而屋檐利用长边覆盖了更长的路径范围。屋檐的支撑主要依靠三角形的支架实现，在外侧通过竖向杆件落地补充加固，在屋檐长边的端头变为斜撑。屋檐如同拉开的帘幕，在利于通行的同时赋予入口空间以标志性。

进入的过程体现为一次体验空间压缩的经历。人从开敞的街道空间来到屋檐下方，此时高而窄的屋檐尚不能提供充分的庇护；随着人一步步走上台阶，身体离屋檐也越来越近，支架变得触手可及，这时，屋檐的竖向支撑提供了保护并形成包裹，将人从流动的街道中抽离，送至住宅的入口处。

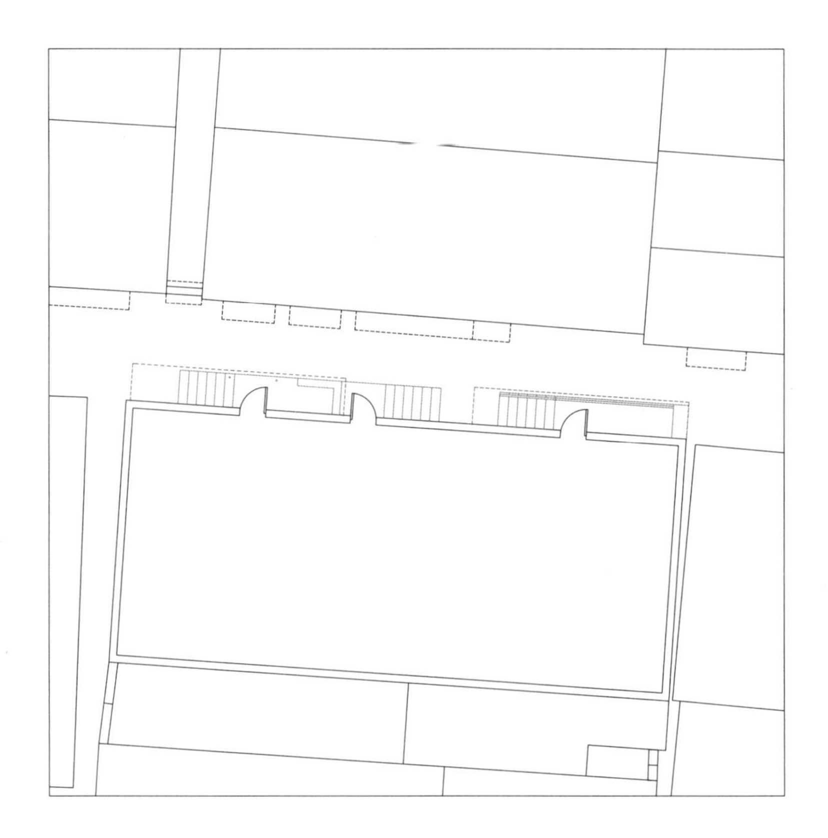

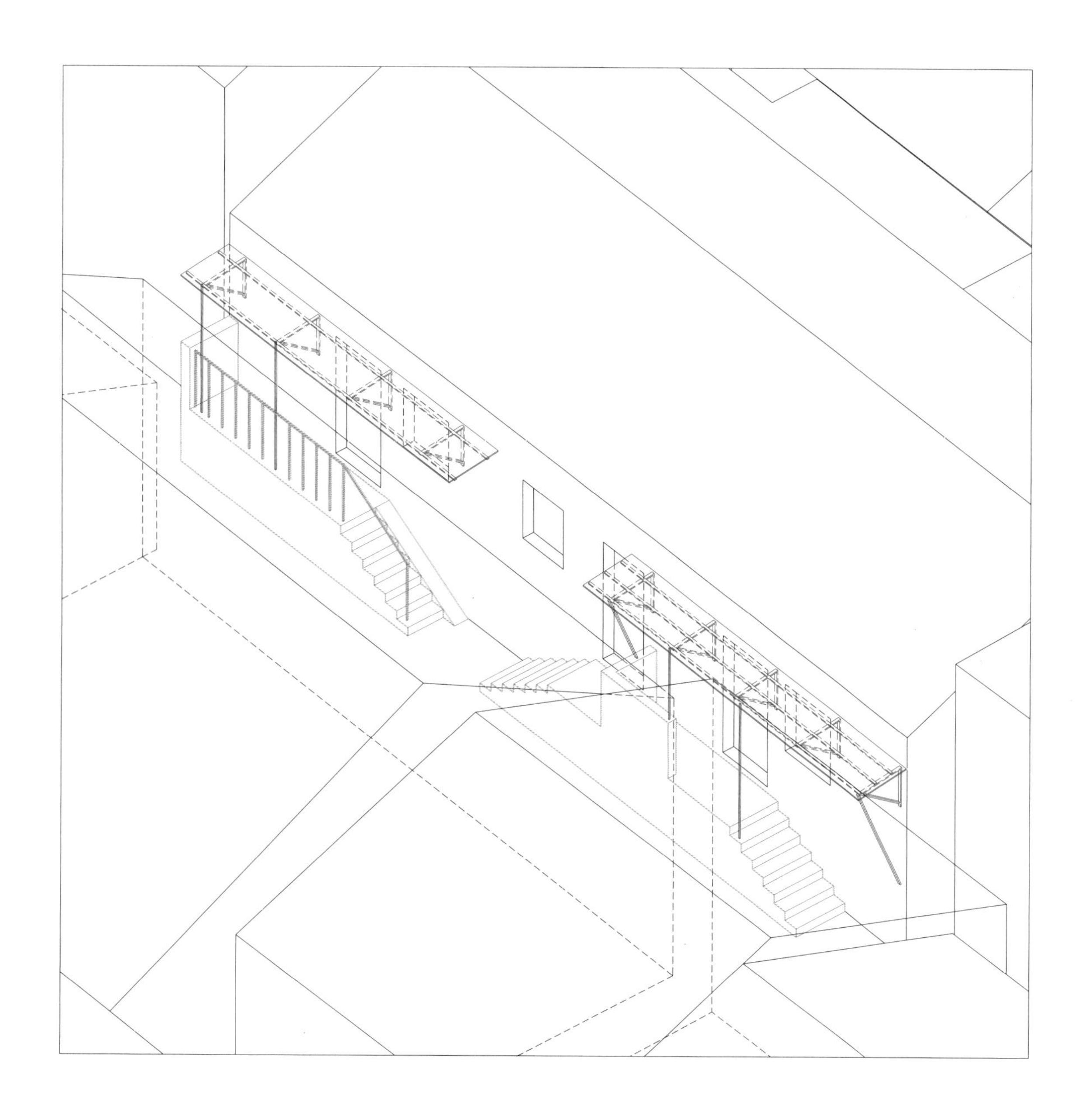

垂直的线阵

檐口 4　孝顺里 32 号檐口

案例所在的院落位于一条内巷的尽端，用于支撑晾衣架的竖杆立在了院落内的突出位置，首先被人注意。以竖杆为中心，由横杆、绳索和其他竖杆组成的杆件体系将空间分为近似四个象限，屋檐搭接在杆件体系之上，定义了四个象限不同的空间属性：第一象限的一半被一片宽大的屋檐所覆盖，在为出入口提供庇护的同时，形成家庭起居空间的延伸；第二象限是延展向外的巷道；第三象限由细长的屋檐覆盖，端头出挑的屋檐提示了入口位置，形成一条具有方向性的通道；第四象限为树木、花草和蔬菜种植提供空间。

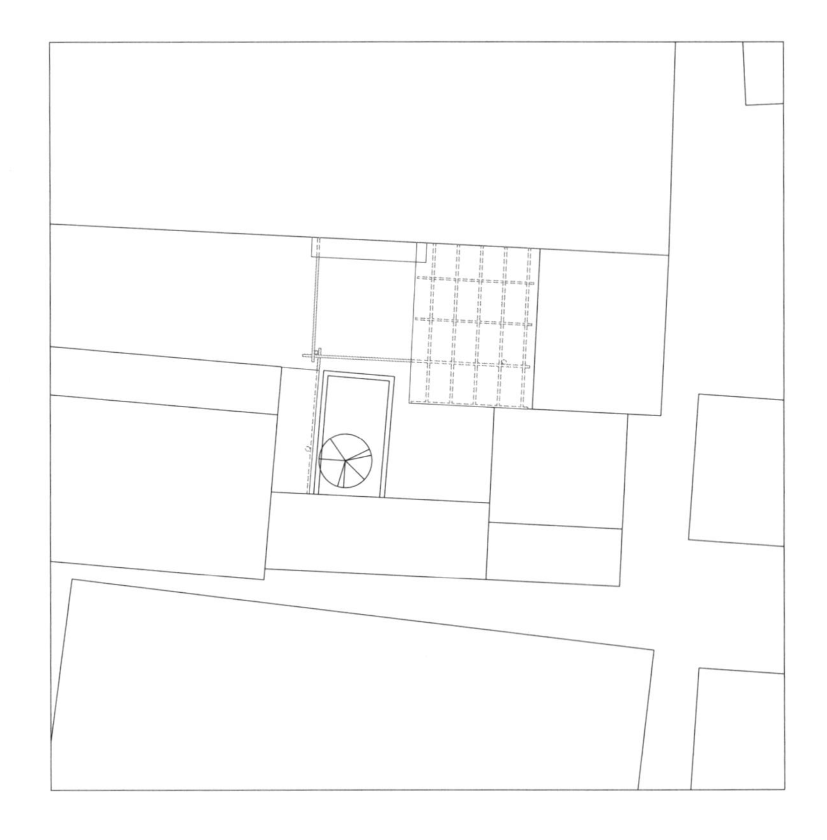

百年征程波澜壮阔
百年初心历久弥坚

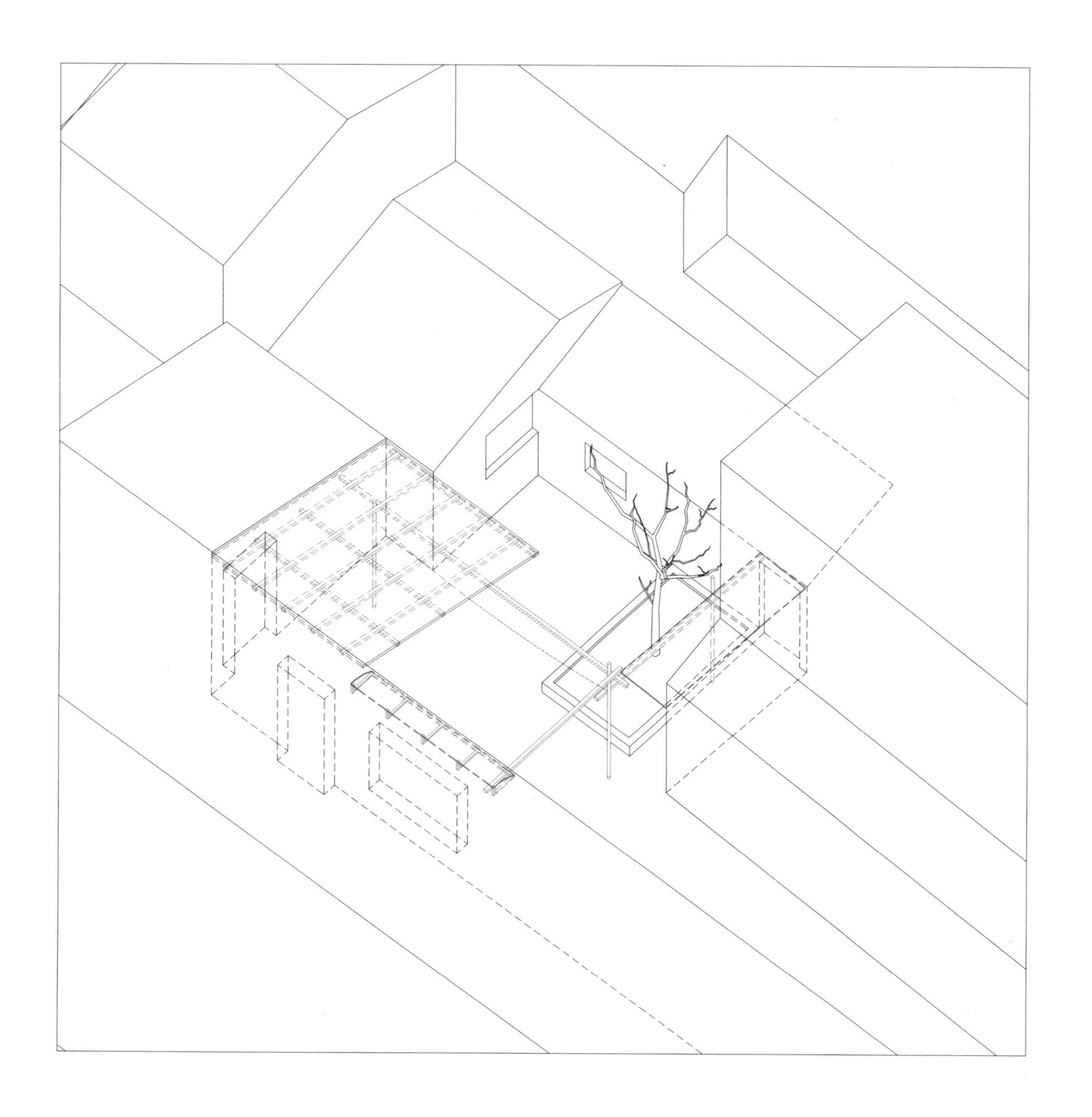

檐口 5　近五福里 17 号檐口

一条纵深的巷子的尽头转折处搭建了简单的屋檐，屋檐分为两部分，分别对应着两个方向。转过去的屋檐向前延伸，和巷道两侧的墙面、地面的铺地，在四个维度共同引导着人们的视线和行为。

从相反的方向看檐口，乍一看巷子的近端像是封闭的，但檐口的存在暗示着空间的出现，告诉行人此路可通。

适配组构

檐口6　近孝顺里6号檐口

一座院落里，不同类型的檐口集中在视野中：老虎窗前的檐口是透明的，满足挡雨需要的同时为空间争取了更多的光线。房间门前轻质的布雨棚是可以收缩的，在下雨或者在门前休息时可以伸展到院落里。砖房的檐口采用在木檩上叠瓦的做法，使其具有较强的坚固耐用性。

檐口多样的材质，对应着多样的功能和多样的空间形态。

福

是与不是

檐口 7　高岗里 18 号檐口

在房屋三面围合的凹进处，顺应屋顶的斜坡，围合出檐下的灰空间。檐下空间环绕中央立柱，一侧对外开窗，形成对景，增加了视线的通透性。

挑出的屋檐背靠房屋，右靠一处加建物，左侧墙体开窗，面向狭窄的通道与斜向的楼梯。各类建筑要素被抽象后组合在一起，形成虚空间与实体空间的组合关系，以及巧妙的视觉关系。

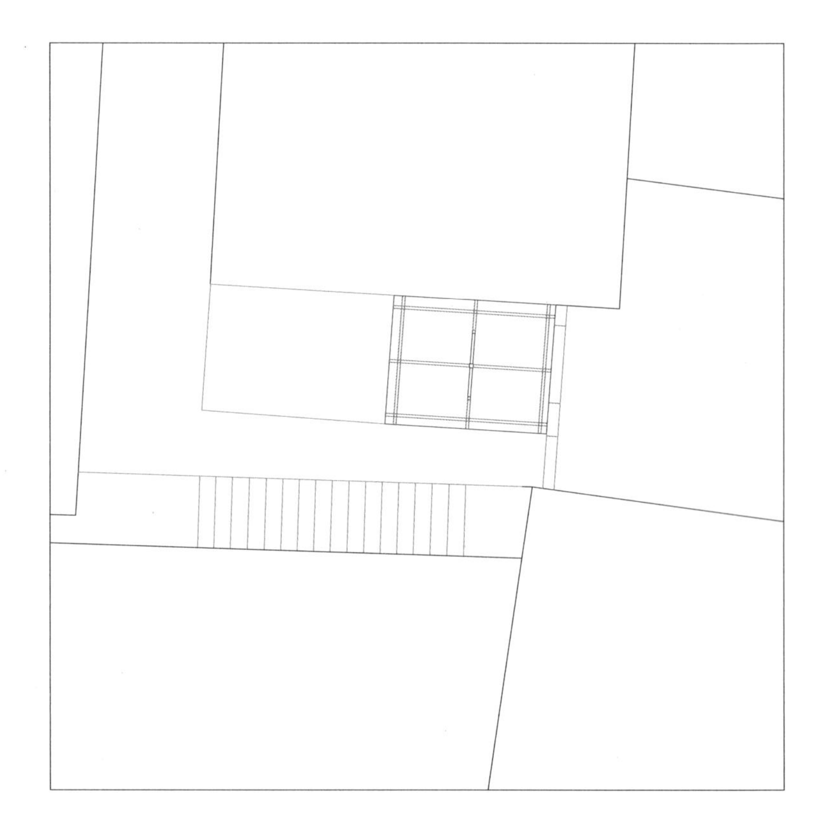

火栓
火警119

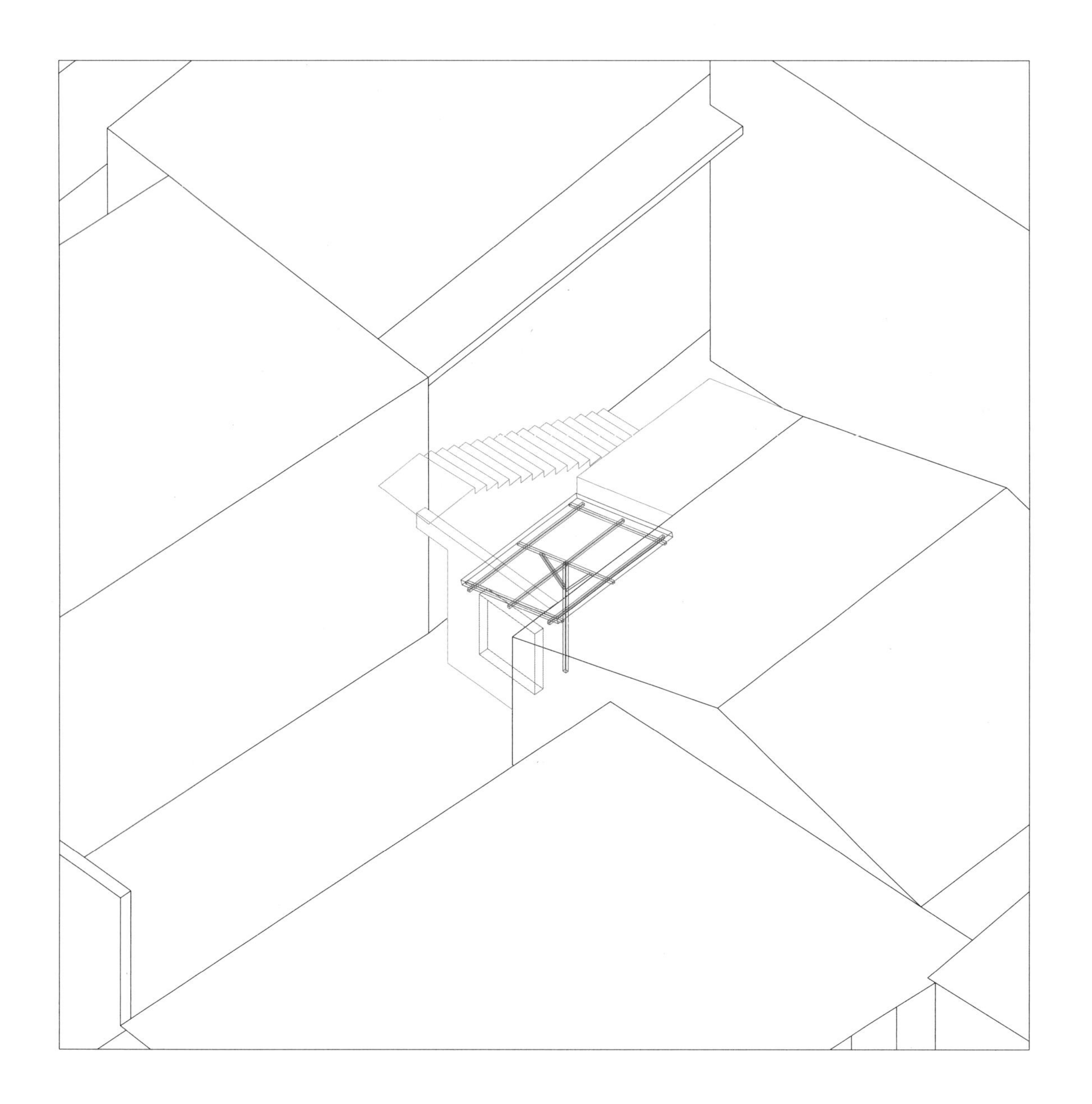

层叠多义

檐口 8　高岗里 16 号檐口

檐口在这里被重新定义，它们可以是楼梯休息平台的底面，可以是走廊的底面，也可以是挑出阳台的底面，当它们同时被赋予遮雨、停留、进入等功能时，又成了檐口。

高岗里 16 号从楼梯休息平台形成的檐口，沿梯段延伸进入内部，并随着面向内庭院的走廊、阳台等空间不断进行伸展、折叠，形成连续又富有引导性的檐口空间。

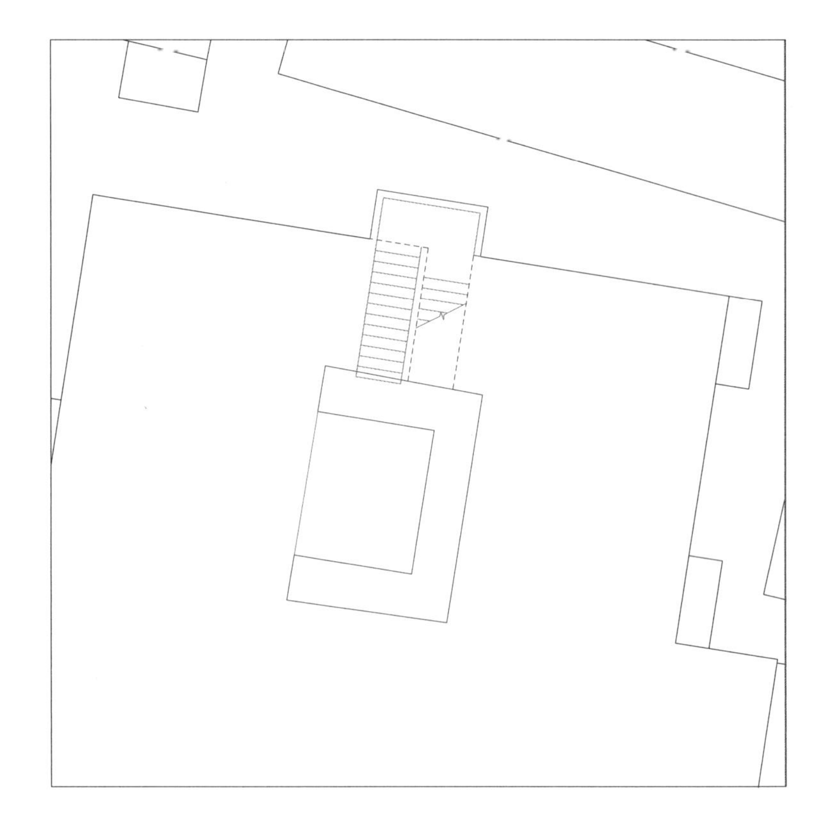

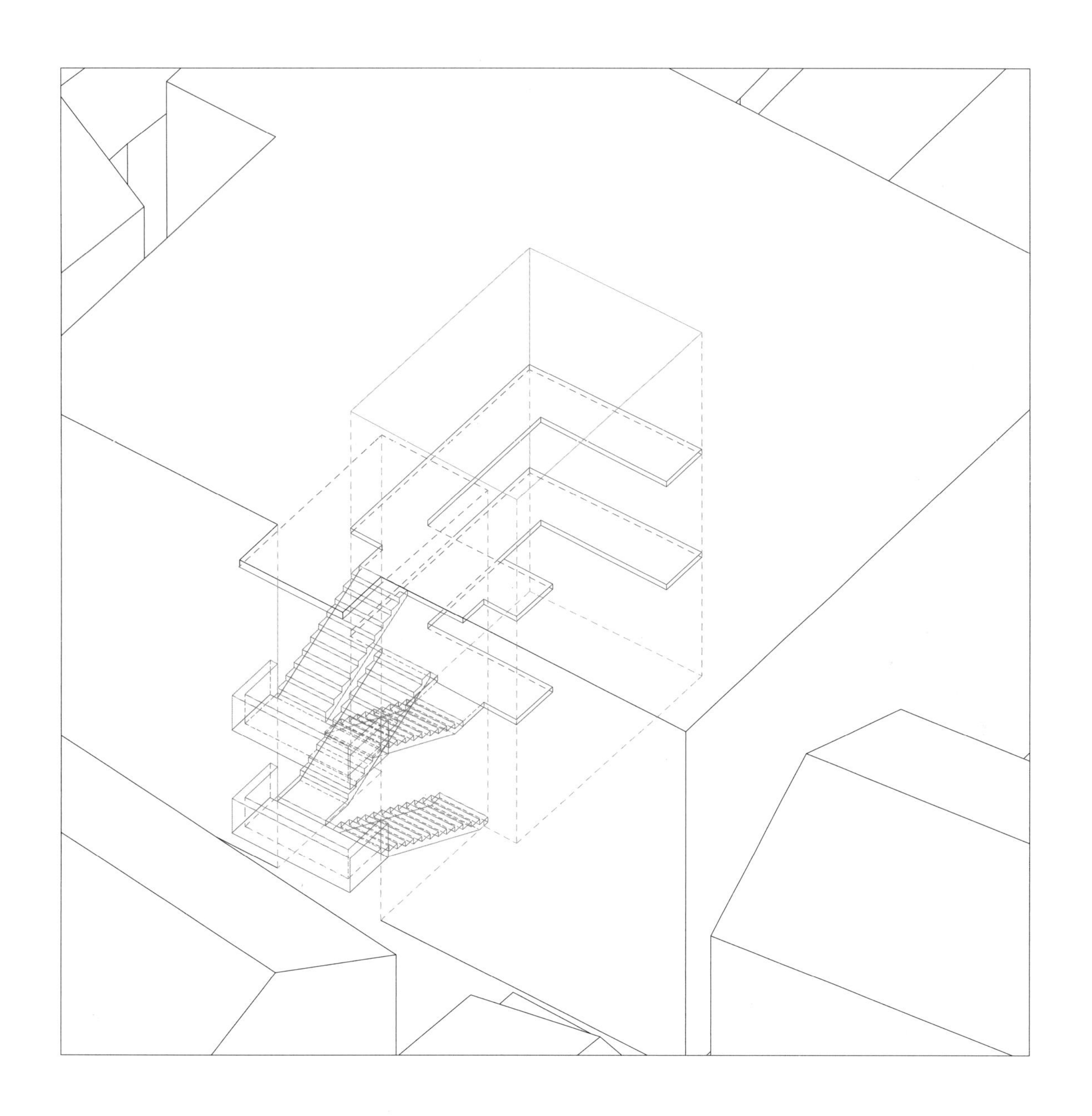

体积的入口

檐口 9 谢公祠某入口檐口

谢公祠某入口原本是一个完整平滑的立面，只有一道门洞，而新建的屋檐使其具有了公共性空间的基础，并强化了入口的引导性和仪式感。

屋檐和遮阳布生成了街道唯一的阴影区域，创造出了一块矩形的可以被进一步划分的使用空间，进而诞生了座椅、绿植等活动空间。同时，屋檐本身通过其结构创造了体积，并将空调、管线以及其他杂物安置其中。两种体积通过檐下空间与檐口的结构各自安好，互不打扰，并共同构成了入口的体积。

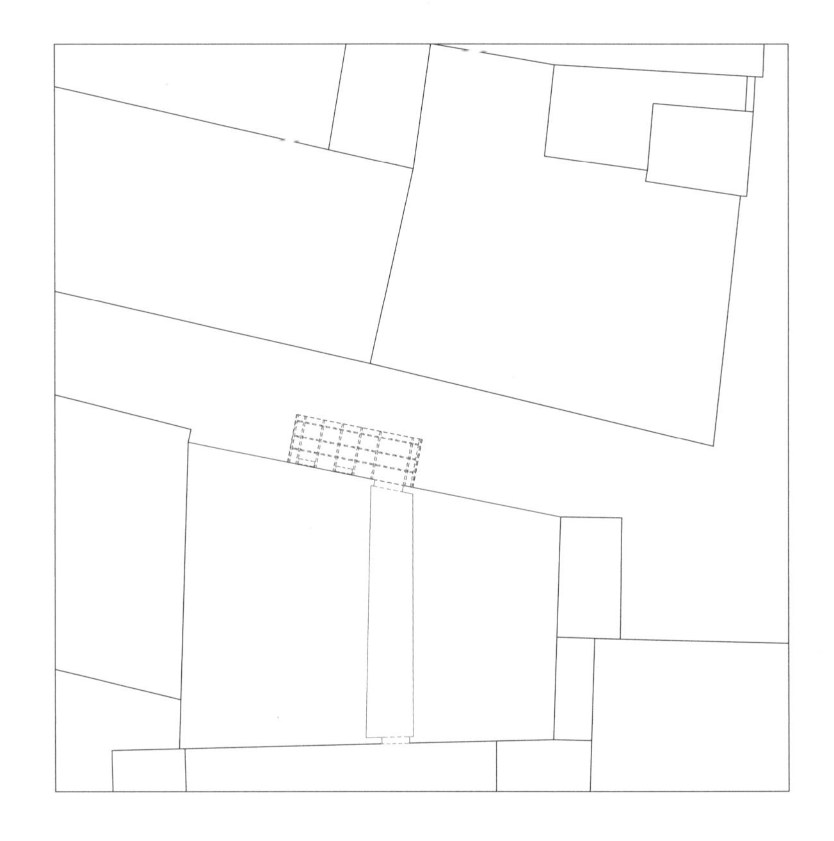

谢公祠
1
GIANT

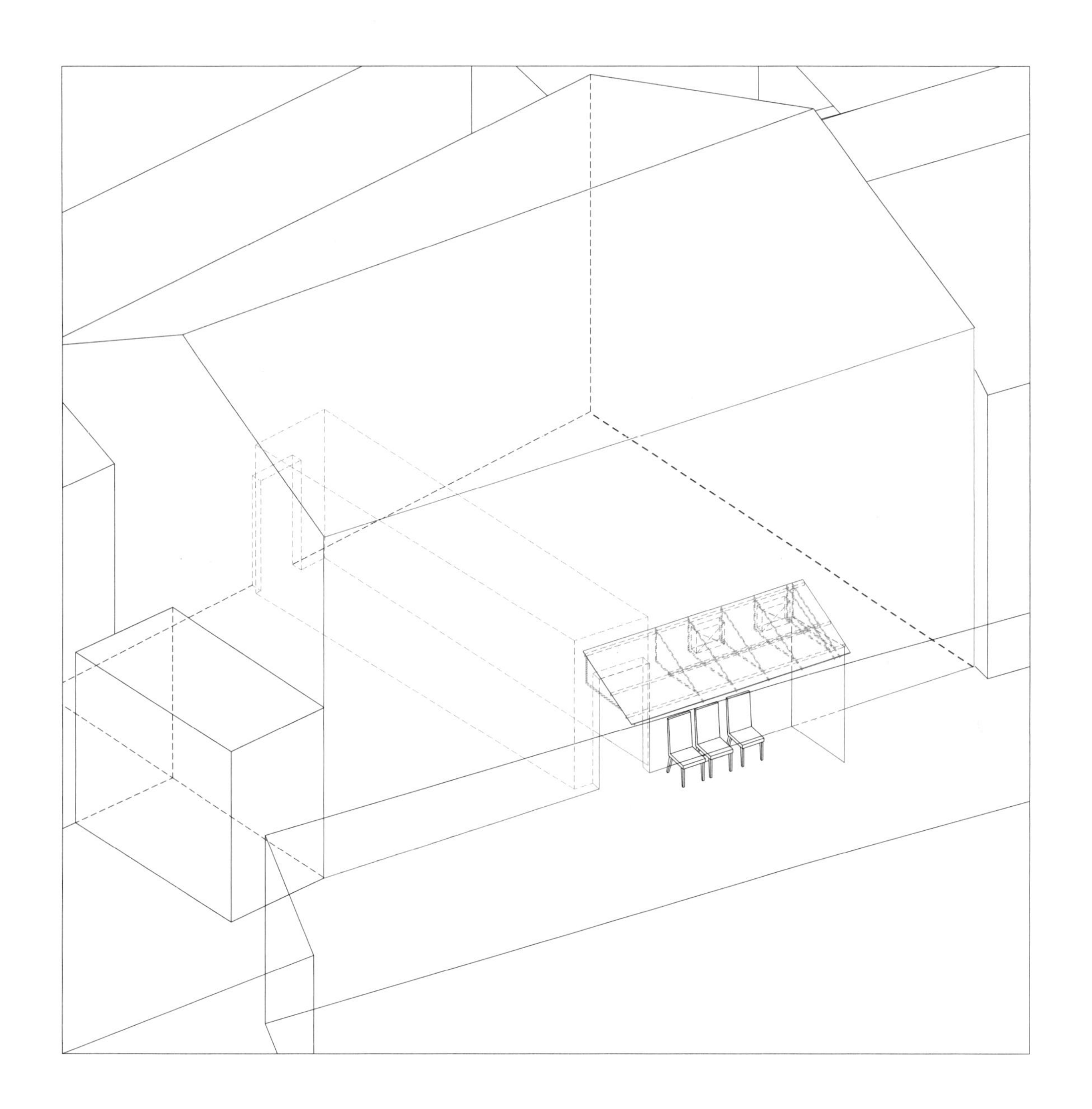

轻重划分

檐口 10　金属雨棚 1

檐口使用了轻质金属的屋面，轻轻地架在混凝土墙体上，进一步限定了入口门洞空间，并使得入口楼梯空间形成了半室外的环境。

不同标高的屋檐被组织到一起，划分了空间的不同高度，和空间的使用功能很好地结合到了一起，并通过高差产生的洞口进一步引导光线进入檐下，创造出有层次的空间。

九优精品部件
雅迪

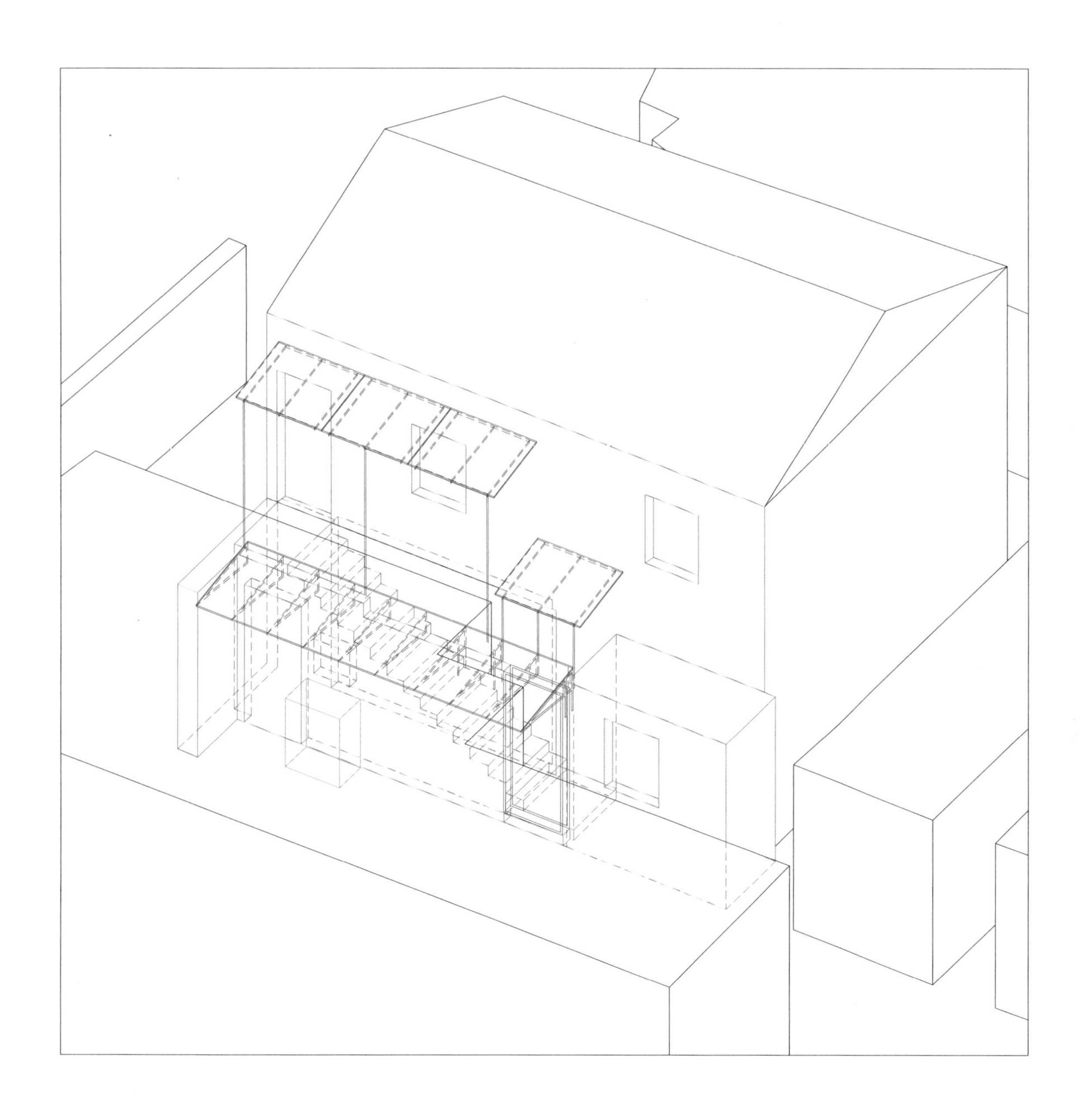

连续体

檐口 11　金属雨棚 3

金属屋面通过弯折形成了“几”字形，用统一的形态包含了上下两个入口。同时入口楼梯的金属结构和入口屋檐的结构被整合到一起，使整个屋檐向外挑出、延伸、下降，进一步划分出入口空间的层次。楼梯变成了屋檐的一种变体，同时具备了“檐下”的储存功能；屋檐成为楼梯的重点和入口的标志。

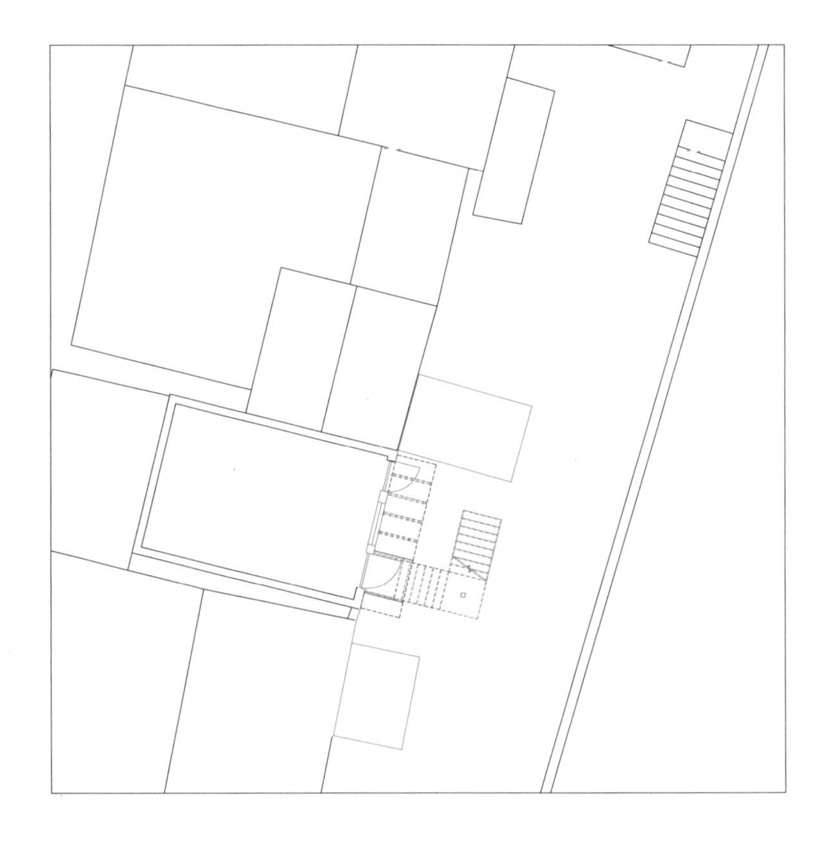

14-3
苏A
0328606

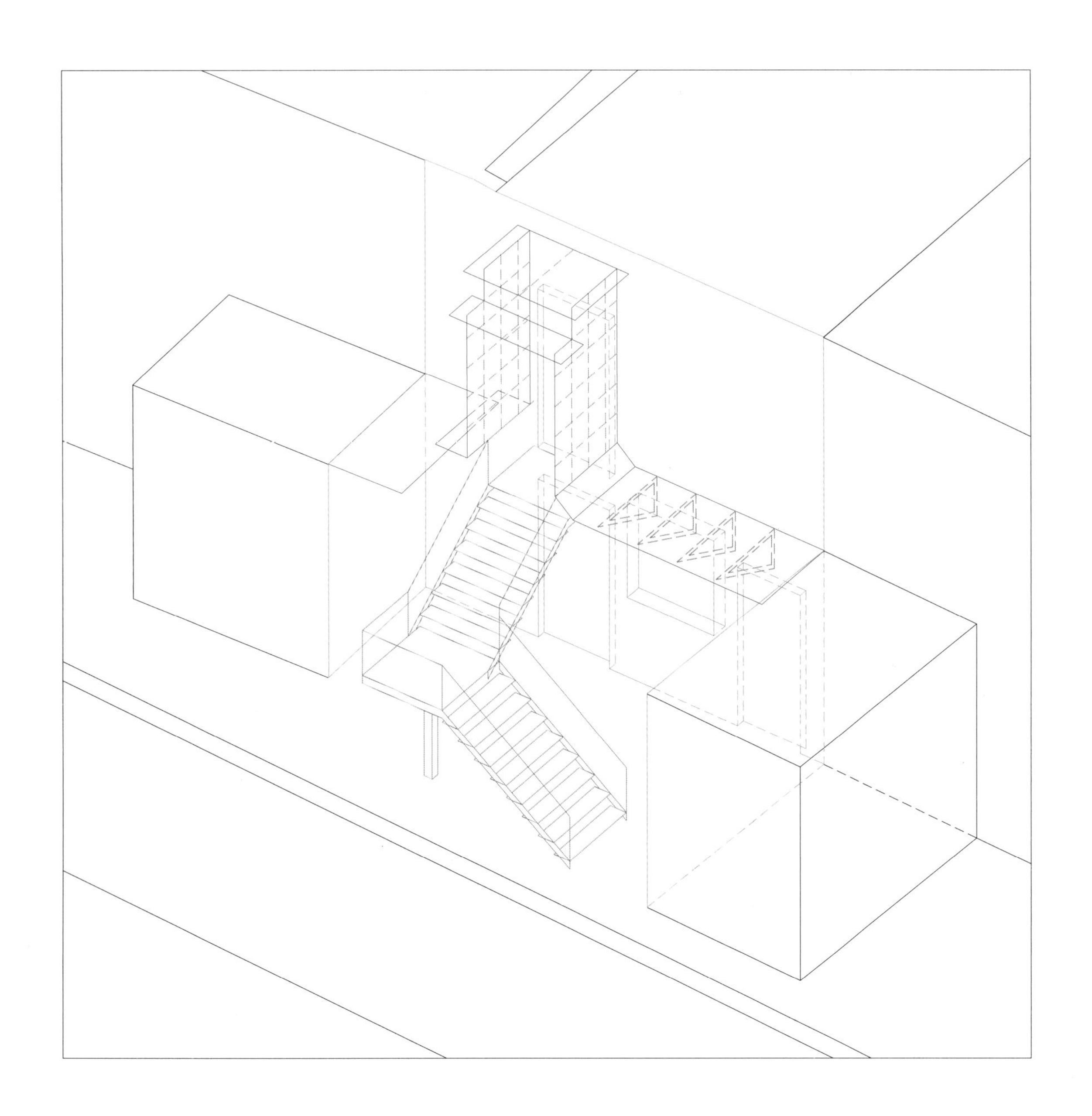

增强三合院

檐口 12　鸣羊里 8 号檐口

三户人家围合出一个小小的庭院，门窗上方的雨棚不仅满足了遮雨的需求，也在无意中强化了“三足而立”的三合院空间，并对三户应对庭院的不同界面做了日常生活的显性表达。三角支撑下的小出挑，容纳了餐厨洗漱的日常。最靠近内部的一户私密性最强，檐下放置的私人物品最多；转角处的一户用排架出挑出大檐口，增加了晾晒衣服的功能。

红色表示檐口，绿色表示支撑结构，蓝色表示庭院空间，其中实线表示墙体限定，虚线表示檐口下限定空间。

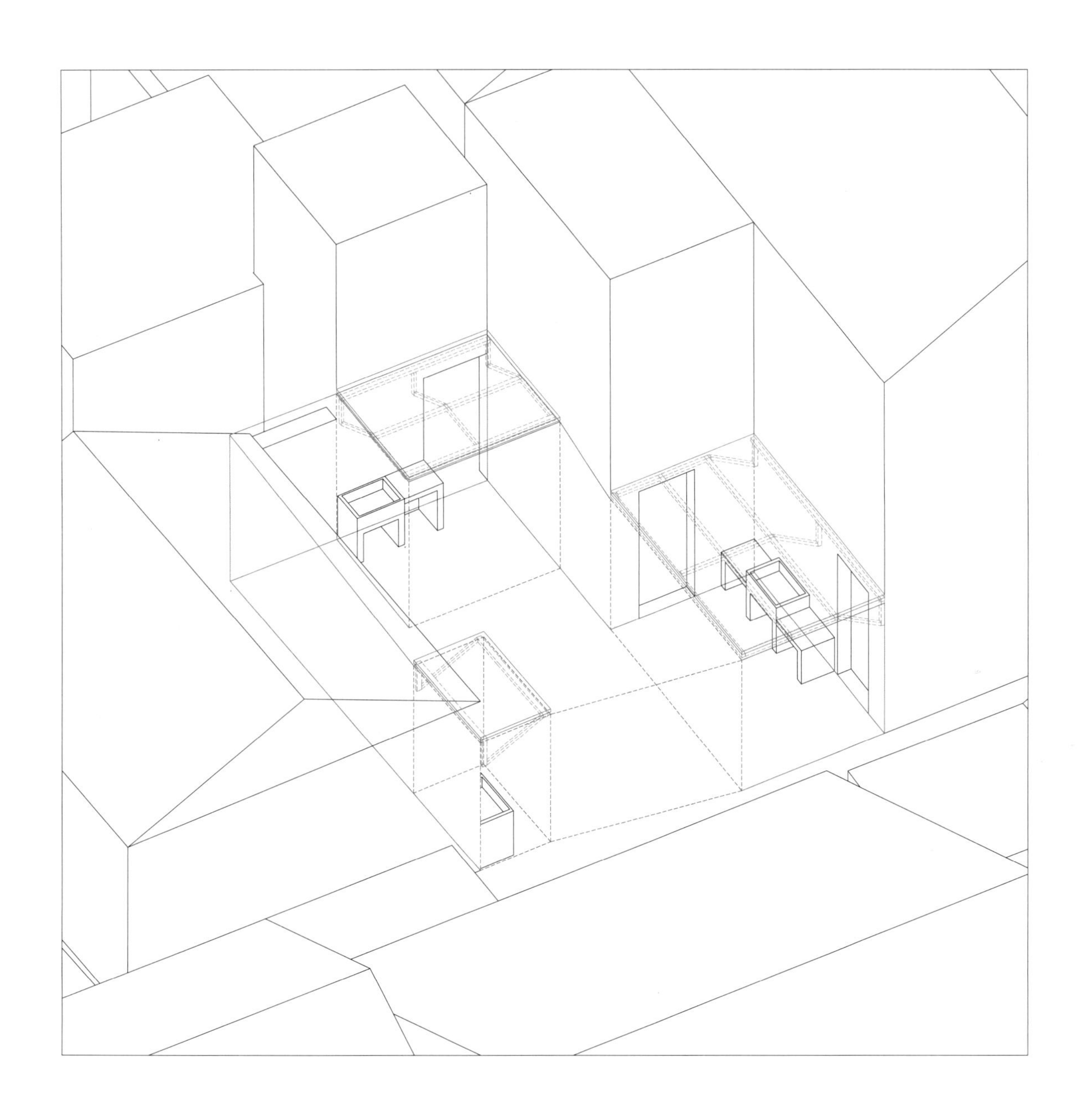

后　记

门西观察，始于对南京城南传统街区中，长期自然生长与微小人工干预并置下街区与建筑发展状态的关注与发现。各种看似纷乱的生活景象，在特定视角的观察下，不乏可感知的设计原型。而对于混乱现状的认知训练和日常对象的感知性体验，成为门西观察重要的起点。

门西观察，以照片、图示以及简短的文字描述，作为最基本的表述形式，不做过多的描述，旨在留出可以被进一步理解与诠释的空间，实现从现象到感知的过程中，源于图而超越图的初始目标，并让其承载的现象的表面与背后的信息，通过城市生活的文本阅读，以系统感知的主动意识，呈现其生活背后的空间认知价值，并让其成为未来设计的起点。

感谢日常工作室同学们多年的努力与相互启发，孙源、常胤、廖若微、孔圣丹、徐清清、王浩、陈嘉逸、许娟、罗梓馨、李惠、刘潇云、王真逸、丁瀚林、刘宇飞、郭欣睿、丁瑜、余典，多届同学聚焦门西的观察与研究，通过专题化、反复多次的图示调整与感知讨论，组织形成一定阶段的成果，并成为未来再反思的基础。同时感谢国家自然科学基金（项目号：52378009）、徽派建筑安徽省重点实验室2024年开放课题（2024HPJZ-KF02）的出版支持。

对于生活平常的观察，是一种诠释与再现，门西观察的意义亦在于此。

朱　渊
2024-03